雑草はすごいっ！

稲垣栄洋
小島よしお

PHP

はじめに　小島よしおさんは「雑草」だ！

テレビで活躍している小島よしおさんを見ていて、いつも思うことがあった。

それは、「小島よしおさんは、雑草だ」ということだ。

私に言わせれば、小島よしおさんは、「雑草芸人」である。もちろん、良い意味である。

雑草は、何気《なにげ》なくどこにでも生《は》えていると思われているが、実際にはそうではない。

雑草が生える場所は、踏まれたり、抜かれたりする場所だ。そんな場所で生き残るのには、「戦略」が必要である。

「雑草」と呼ばれる植物は、そんな戦略を進化させた植物なのだ。

そのため、どんな植物でも、雑草になれるわけではない。雑草として生き残り、成功するためには、高度に発達させた戦略が必要なのである。

雑草と呼ばれる植物は、そんな戦略家だ。

小島よしおさんという芸人も、何となくテレビに出ているように思える。チャンネルを回せば、さまざまなジャンルの番組で見かける。

消えるように思えて、消えない。「一発屋」と呼ばれながら、気がつけば、ずっとテレビに出続けているし、むしろ活躍の場を広げているようにさえ思える。まるで、気がつけば広がっている雑草だ。もちろん、それは成功をしているという「ほめ言葉」の意味だ。

雑草は、いつも何気なく、そこにある。しかし、「いつも何気なく、そこにある」というのは、じつはすごいことなのだ。

何気なく生えている雑草に優れた戦略があるように、小島よしおさんにも、きっと雑草と同じような練り抜かれた戦略があるに違いない。

私は雑草を研究している研究者である。その私に言わせれば、小島よしおさんは、間違いなく「雑草芸人」なのだ。

稲垣栄洋

雑草はすごいっ！　目次

第2章

成功する場所、失敗する場所

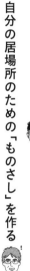

第3章 ゴールのためにできることは何でもやる

第4章 自分を信じる

第5章 周りに対して開くことが大事

第1章

チャンスは意外なところからやって来る

予測不可能な環境では、
小さなタネを
たくさんばらまくことが大切

状況に身を任せつつ、チャンスをつかむ

目立ちたがり屋の子どもだった

お笑い芸人って、どちらかというと「学級委員長を斜《なな》めから見ているタイプ」が多いと思うんです。でも、僕は「学級委員長をやっちゃうタイプ」。お笑い芸人としては珍しいタイプかもしれません。むしろ、お笑い芸人には向いてないかもしれない（笑）。

もちろん、僕自身はお笑い芸人になりたかったですよ。いや、正直に言うと、最初は芸能人になりたかったんです。昔から目立ちたがり屋の子どもだったので、テレビに出たいという思いが人一倍強くありました。

お笑いを目指すようになったのは、入学した早稲田《わせだ》大学でお笑いサークルに

入ったのがきっかけです。

お笑いサークルとの出会いは偶然《ぐうぜん》でした。別のサークルの新入生歓迎会で、僕が「お笑いが好きなんです」と話したら、ある先輩を紹介されたんです。その先輩はお笑いサークルにも所属していて、「今度サークルのライブがあるから観に来ないか？」と誘ってくれました。観に行ったらすごくおもしろくて、お笑いサークルに入ったのです。

この先輩こそ、２０１３年の『キングオブコント』で優勝した「かもめんたる」のコンビで活躍する岩崎《いわさき》う大《だい》さんです。

僕は誘われたら断らずについて行くことが多くて、そこからチャンスが舞い込んでくることがあります。う大さんとお笑いサークルとの出会いは、偶然が呼び込んだ最初の幸運でした。もし、う大さんに出会っていなければ、僕は今のようにお笑い芸人として活動していなかったかもしれません。

……と、ここまでは美談ですが（笑）。

じつは、僕をお笑いライブに誘ったとき、う大さんは心の中で「来てほしくない」と思っていたそうです。お笑いサークルにも「入らなきゃいいいなぁ」と思っていたのだとか。「こいつ、学級委員長やっちゃうタイプだな」と見抜いてたのでしょうか。

そんな僕でもお笑い芸人になり、「テレビに出たい」という夢を叶《かな》えることができました。卓越《たくえつ》した才能や素質に恵まれているわけでもない僕が、どうやってお笑い芸人になり、流行《はや》り廃《すた》りの激しい芸能界で今日まで生き残ることができているのか。少しだけその理由をお話ししたいと思います。

小さいチャンスの数を増やす

植物にとって、もっとも大切なことは種子《しゅし》を残すことである。

種子を生産するときには、二つの方向の戦略がある。

一つは大きいタネを作るという戦略である。

もう一つは小さいタネを作るという戦略である。

大きいタネと小さいタネでは大きいタネの方がいいに決まっている。大きいタネは栄養をたくさん蓄《たくわ》えているから、生存率も高いし、大きく育つことができる。しかし、種子を作るために使える栄養分の総量は決まっているから、大きいタネを作ろうとすれば、生産できるタネの数は少なくなる。

一方、小さいタネは生存率も低いし、成長量も小さい。しかし、一つ一つのタネが小さい代わりに、タネの数を増やすことができる。

少ない大きいタネという戦略と、たくさんの小さいタネは、どちらが成功するだろうか。

どちらが有利かは、環境によって異なる。

もし、正解がわかっている環境であれば、正解という名前の種子に最大限の資源を投資すればよい。しかし、正解がわからない場合はどうだろう。

雑草が生える環境は「予測不能な変化」が起こる環境であると言われる。つまり、何が起こるか誰にもわからない環境だ。予想不能な環境で雑草はどうするだろう？

そんな不安定な環境では、たくさんの小さいタネが有利である。何しろ、どのタネが成功するかわからない。一つ一つのタネは小さくても、タネの数が多ければ、そのうちのどれかが大きく育つかもしれない。だから、雑草と呼ばれる雑草は、たくさんのタネを飛ばす。そのほとんどは生存することができないが、そのうちの一つが成長できれば、雑草にとっては、それが成功なのだ。

学生時代の小島さんは、興味《きょうみ》がないものでも、誘われたら断らずに、誘われるままにどこでも出掛けていったという。もともとお笑い好きだったらしいが、「お笑いサークル」との出会いさえも、たまたま出掛けていった新入生歓迎会で誘われたお笑いライブだというから、驚きだ。

誘われて出掛けていったものの中には、小島さんの将来にとって役に立つものも立たなかったものもあることだろう。しかし、何が大きく育つかは、誰にもわからない。そうだとすれば、小さなタネをたくさんばらまくことが大切になるのである。

ポジションを得た生物だけが、自然界に居場所を得る

チャンスの前では図々しく

大学お笑いサークルのメンバーに

大学1年の冬（2000年）、「ギャグ大学偏差値2000」に入賞したのを機《き》に、サークルがアミューズにスカウトされることになりました。

当時、アミューズはお笑い部門を持っていなかったものの、「これからは大学お笑いサークルが熱い！」と考えて、大学のお笑いサークルで活動する学生たちを仮所属させて育成するプロジェクトを進行中でした。

スカウトされるといっても、全員じゃありません。サークル全体で15人いるうち、アミューズがスカウトしたいのは5人だけ。しかも、そのうちの3人はアミューズからの指名でじつは決まっていました。う大さんと、当時すでにテレビの深夜番組などに出演していた先輩二人でした。残りの二人は任せるということだったので、その二人をみんなで相談して決めました。

「この5人はどう?」「ちょっと立って並んでみようか」とか言って、いろんな組み合わせの5人を試してみるのです。1年生の僕にはあまり発言権がないのですが、自分が入っていない組み合わせのときは、もっともらしく主張しました。「これだとちょっと身長のバランスが悪いかもしれないですね」とかね(笑)。

僕がメンバーの座をつかめたのはラッキーでした。まだ1年生で、ネタも作ってなければ、大して笑いを取っていたわけでもない。5人でコントをやるときの身長やバランスの問題。ただそれだけでメンバーに滑《すべ》り込んだのです。

僕らは「WAGE《ワゲ》」として活動を始めました。5人でやるコントが珍しかったのか、評判が良く、2年目にはアミューズとの本契約が決まりました。それ以降は、雑誌の月1連載や、事務所の先輩である三宅裕司《みやけゆうじ》さんの冠番組《かんむりばんぐみ》での前説《まえせつ》やコーナーロケを担当したり、お笑い番組のオーディションに挑戦したりと活動の幅を広げていきました。

「お笑いの道に進もう」と決めたのは、アミューズ所属が本決まりした大学2年のときです。親に「大学をやめてお笑い一本でいきたい」と話したら、大反対されました。それだけなら大学をやめていたかもしれませんが、当時好きだった女の子にも「絶対卒業した方がいい」と諭《さと》されて、思《おも》い留《とど》まりました。

そんなことがありましたが、今となっては大学を続ける選択をしてよかったと思っています。

自分の居場所を作る

お笑いグループのメンバーになるためには、自分の居場所となるポジションが必要となる。

芸能界では、それぞれの役割というかポジションがある。

たとえばアイドルグループでは、ビジュアルがいいとか、トークが得意とか、歌が上手《うま》いとか、役割分担がある。

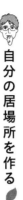

あるいは、テレビ番組の中でもトークを回すMCがいたり、高学歴キャラがいたり、いじられキャラがいたりといった役割分担がある。

そして、芸能界の人たちが恐れるのが「キャラがかぶる」ということである。異なる役割の人たちが集まるから、バランスが取れる。同じ役割の人が何人もいると、バランスが悪くなってしまうのだ。

じつは、自然界でも同じである。

自然界でも、すべての生物が自分の居場所を持っている。

雑草の戦略を語る前に、まずは生物に共通した「法則」を説明することにしよう。

すべての生物は自分の居場所を持っている。そして、居場所を持たない生物はこの自然界に存在することが許されないのだ。

生物の世界では、この居場所のことを「ニッチ」という。ニッチは具体的な場所というよりも、「ポジション」のような意味合いだ。

それぞれの生物が、それぞれのポジションを持っている。これがニッチである。

たとえば、野球でいえば、一塁手《いちるいしゅ》や二塁手というポジションがある。試合に出られる一塁手は一人だけである。ポジションをめぐるレギュラー争いは熾烈《しれつ》を極める。

しかし、ポジションを獲得《かくとく》した一塁手と二塁手は、共存することができる。

自然界でも同じように、ポジションをめぐる争いがある。そして、ポジションを得た生物だけが、自然界に居場所を得ることができるのである。

たとえば、サバンナでは高い木の葉はキリンが食べる。低い木の葉はインパラが食べる。そして草丈《くさたけ》の高い草をシマウマが食べて、丈の低い草をヌーが食べる。

ポジションは、芸能界でいえば、キャラのようなものだ。

このようにそれぞれのキャラを分け合って、自分の居場所を確保しているのだ。

キリンやインパラ、シマウマ、ヌーは同じ場所にいるが、食べ物が異なるから、サバンナの草食動物は争い合うことなく、共存することができる。

もし、「高い木の葉を食べる」というキャラがかぶると、激しい競争が起こる。

そのため、居場所はかぶらないことが大切なのだ。

自然界で生き残るために必要なことは、他の生物よりも優れていることではなく、他の生物とは違う自分だけのニッチを持つことである。

植物は、動物のようにエサが異なることはない。どの植物も光や水を求めているから、ニッチを分けていることはわかりにくい。

しかし、雑草を見ると、たとえば踏まれやすいグランドを見ると、同じ踏まれる場所でも、頻繁《ひんぱん》に踏まれる場所と、あまり踏まれない場所では、生えている雑草の種類が異なっている。

どの雑草も自分だけの居場所を持ち、自分の得意なところで生えているのだ。

植物は環境を受け入れて、
自分を変えていく

現状は受け入れても、やりたいことは諦めない

ピンで成功するとは誰も思っていなかった

2006年、WAGEは解散しました。理由は、メンバーの方向性の違いです。最初にWAGEをやめたいと言い出したのは、う大さんでした。WAGEの笑いは、自分のやりたい笑いとちょっと違う。そんな思いがあったみたいです。

WAGEとして活動を始めた頃、僕らのコントはオーディションでも評判が良く、深夜番組にもちょくちょく出演していました。でも、3年目くらいからは頭打ちの状態で、事務所からは契約打ち切りの話も出ていたんです。そんな中、う大さんは「自分のお笑いを追究したい」と言い、槙尾《まきお》ユウスケ（現「かもめんた

る」）は俳優、手賀沼は音楽をそれぞれ志望し、方向性の違いは決定的でした。

僕にとってはWAGEしかなかったし、「このグループで絶対に売れるんだ」と信じていたので、僕とリーダーの森さんは最後までグループ継続《けいぞく》を主張しました。でも、3人が解散に傾《かたむ》いていく流れを止めることはできませんでした。

アミューズとの契約が終了し、大学もこのタイミングで卒業。僕は完全にフリーになりました。そこでようやく現実を受け入れて、「ピンでやってみようかな」と思うようになったのです。

「僕、ピン芸人になりたいです」

事務所のマネジャーとの最後の面談でそう伝えると、失笑されました。「お前はいいヤツで明るい。それは認める。でも、お前にお笑いは多分無理だから、やめた方がいい。それよりも、花屋さんとか向いてると思うぞ」。かなりガチのテンションで言われましたね。

たしかに僕はネタを作れないし、大喜利《おおぎり》ができるわけでもない。お笑い戦闘力はかなり低いと自覚しています。周りの人たちが僕のことを心配してアドバイスしてくれたのもわかります。

そのとき、僕の中でスイッチが入りました。「絶対にピンで売れてやる！」ってね。

「花屋さんがいいんじゃないか」とまで言われた僕が、ピン芸人として世に出たら、みんな驚くだろうなぁ。そう思うだけでワクワクしましたね。大学受験も、「早稲田に合格したらみんな驚くだろうな」がモチベーションだったので。

そういうサプライズが好きなんです。

変えられないものを受け入れる

どんなに頑張《がんば》っても、どんなに努力しても、自分では変えられないものがある。

植物にとっては、環境がそうだ。植物はどんなに頑張っても、周りの環境を変えることはできない。

ましてや植物は動くことができない。そこがどんな場所だったとしても、その場所に落ちたタネは、その場所で生きていくしかないのだ。

それでは、植物はどうするだろう。植物は「変えられないもの」は受け入れる。植物にとっては、環境は受け入れるしかないのだ。

そして、変えられないものは受け入れるが、変えられるものは変える。

自分で変えられるものは自分自身である。だから、植物は環境を受け入れて、自分を変えていくのだ。

植物は動物に比べると変化できる能力が高い。それは、植物が動けない存在であることも影響しているのだろう。

植物の中でも雑草と呼ばれる植物は変化できる能力が大きい。雑草と呼ばれる植物がアスファルトのすき間のような場所で花を咲かせることができるのは、変化できる能力が大きいからだ。

私たち人間は、植物と違って自由に動くことができる。

しかも人間は環境を変えることさえできる。雨が降らなくても、蛇口をひねれば水が出る。夏の暑い日には、クーラーのスイッチを入れて、冷蔵庫の冷たい飲み物を飲むこともできる。

しかし、現代社会に生きる私たちも、変えられない環境はある。

どこに住むのも自由だが、今の仕事や生活を捨てられるわけではないし、さまざまなしがらみもある。自由に生きているように見えても、じつは変えられないものもたくさんあるのだ。

そして、現代人にとってもっとも変えられないものは、「他人」だろう。

他人は、変えることはできない。まったくもって、思い通りにはならないのだ。

私たち人間も、変えられないものは変えられない。

そうだとすれば、どうすればよいのだろう。

植物と同じように、変えられないものは受け入れるしかないのだ。

そして、与えられた環境の中で変えられるものは、自分だけなのである。

ピン芸人としての小島よしおさんは、本人の希望したものではなかったかもしれない。しかし、ピン芸人としての成功は、変えられないものを受け入れることによって誕生したのだ。

どの雑草も
自分にとって得意なところにしか
生えていない

自分の長所は周りが知っている

自分の芸風をどう作るか

アミューズを離れて2カ月後には、サンミュージックに所属するのですが、これもまた偶然の成り行きでした。WAGEの解散を知ったサンミュージックの人が、「うちに入りたい人がいれば話を聞くよ」と声をかけてくれたのです。

当時、お笑いの先輩たち（「東京ダイナマイト」の松《まつ》田《だ》大《だい》輔《すけ》さん、「流れ星」のちゅうえいさん、元「さくらんぼブービー」の木《き》村《むら》圭《けい》太《た》さん）としょっちゅう一緒に遊んでいました。サンミュージックの面接の日もいつものメンバー何人かで遊んでいて、「これからオーディションだから行かなきゃ」と帰ろうとしたら、「そのネタ、今やってみろ」ということに。

ネタを見せると、「やばい、こんなネタじゃ事務所に入れないぞ」と先輩が心配して、部屋にあったけん玉を使ってネタを即興《そっきょう》で作ってくれました。そのネタをオーディションで披露《ひろう》したら、「おもしろいね」とウケて、事務所に入ることができました。

もし、「今日はオーディションの準備があるので、遊べません」と先輩の誘いを断っていたら、違う展開になっていたはずです。自分でどうこうしようとせず、その場の流れや状況に身を任せた方が、僕の場合はうまくいくみたいです。

さて、ピン芸人でやっていくと決めてから、初めてのライブ。劇団ひとりさんにあこがれて、ひとりさんのような芝居風《しばいふう》コントがやりたくて、自作ネタで挑戦したものの、めちゃくちゃすべりました。そもそも僕は芝居が下手《へた》です。芝居風コントを一人でやってみて、「これは自分に向いてない」と思い知りました。

コントはあきらめて、自分に合った芸風を探そう。

そこでヒントになったのは、事務所のオーディション用に先輩が即興で作ってくれたネタです。「僕、こう見えてけん玉がすごい上手なんです」と言いながら、けん玉の一点を見つめて、集中すること約1分、「えいっ!!」というかけ声のもと、けん玉を投げ捨てる。

この不条理な世界観に対して、「何やってんだ?」とツッコまれるスタイルが、僕には合っていたようです。事務所のオーディションもそれで突破《とっぱ》したし、周りの先輩たちも笑ってくれていました。

自分の芸風を見つけようとするときには、自分自身よりも自分のことが見えている周りの人の声が大切。それを最初に体感した出来事でした。

得意なところで勝負する

すでに紹介したように、自然界で生物が生存するためには「ニッチ」と呼ばれる居場所が必要である。

生物は居場所をめぐって競争する。そして、居場所を確保した生物は生き残り、居場所を得られなかった生物は滅んでいくのだ。

まさに自然界はイス取りゲームである。

それでは、どのようにして居場所を見つければよいのだろうか？

苦手なところで勝負しても勝てるはずはない。誰かのマネをしたとしても、誰かに勝てるはずはない。

自分の得意なところで勝負するしかないのだ。

雑草はどこにでも生えるイメージがあるかもしれないが、じつは生える場所は決まっている。

よく踏まれる場所には、踏まれるのに得意な雑草が生えている。

よく草刈《くさか》りされる場所には、草刈りに強い雑草が生えている。

よく草むしりされる場所には、草むしりに強い雑草が生えている。

どの雑草も自分に得意なところにしか生えていない。

「どんな場所にも生える雑草は強い」と言われるが、じつはどんな場所にも生えているわけではない。雑草が強く見えるのは、得意な場所だけに生えているからなのだ。

自然界は居場所を取り合うイス取りゲームである。

魚が陸上を走ろうとしても、陸を走る生き物には敵《かな》わない。陸を走る動物がどんなに泳ぐ練習をしても、泳ぎ回る魚には敵わない。

苦手なことを克服する努力をするよりも、自分の力が発揮できる「得意な場所」を探す方がいい。

どこにでも生えているように見える雑草でさえも、じつは、「勝負する場所」をわきまえているのだ。

メヒシバ
切れた茎の節から根が出るほど繁殖力が強い「雑草の女王」

生物の進化が
たどりついた答えは、
「競い合うよりも
助け合う方が有利」

成長できる環境に身を置く

先輩のムチャぶりでお笑い筋肉をきたえられる

ピン芸人への転向と同時に、先輩の松田さんが住む笹塚《ささづか》に引っ越しました。「こっちに引っ越してこいよ」と先輩が誘ってくれたからです。それまでも誘われたら断らないノリの良さはありましたが、引っ越ししてまでついていくのは初めてかもしれません。

とにかく、藁《わら》をもつかむ思いでした。「絶対にピンで売れてやる！」と息巻《いきま》いていたものの、どうすればいいのか見当《けんとう》がつかなかったからです。

ただ、先輩と一緒にいれば自分が変われる気がしました。おもしろい先輩たちと一緒にいたい気持ちも強かった。ここにいれば「自分はお笑い芸人なんだ」と思える場所でした。

先輩との生活は、それ自体が〝お笑い道場〟のようでした。

とにかくムチャぶりがすごいんです。先輩からふられたら、すべて答えないといけない。「なんか新ギャグ、あるよな?」というムチャぶりにも、「いや、ないです」という返しは絶対に許されない。発言がおもしろかろうが、おもしろくなかろうが、「とにかくなんか返せ」が先輩の教えでした。

そんなムチャぶりとも、僕は相性が良かったと思います。

僕は自分でネタを考えるのが苦手です。ムチャぶりに対して、なにがなんでも返していくうちに、自然にギャグが生まれていきました。先輩に壁打ちして生まれたギャグを、ライブでそのまま使ったことは一度や二度ではありません。

聞けば、松田さんも同じような〝特訓〟を受けていたらしい。20代のころ、かなり厳しい作家さんがいて、その方の自宅を訪問するときは、インターホン越しにおもしろいことをやらないと家に入れてもらえなかったのだとか(笑)。

でも、「それがあったからネタを作れるようになった」と松田さんは言います。

だからなのか、僕に対するムチャぶりの中に、僕を成長させてくれる「愛とスパイス」があるのをいつも感じていました。

学生時代のWAGEのときには、けっして味わえなかった経験です。先輩のムチャぶりをたっぷり浴びたことで、お笑いの基礎力がつきました。その場で生み出す瞬発力《しゅんぱつりょく》がものすごくきたえられたし、それがその後の自分を助けてくれる土台にもなりました。

むちゃぶりって、実は成長を促す劇薬なんじゃないかな、なんて思ったりもします。

競い合うより助け合う

小島さんは、常に誰かと協力している。

先輩にアドバイスをもらったり、新しいギャグも仲間に見てもらったりする。

後輩にかぶり物を作ってもらったり、作家さんとネタを作ったり、何か仕事をするときも、仲間とチームを作ることを意識している。

競争し合い、蹴落《けお》とし合う芸能界の中で、助け合うことを意識しているように見える。チームを作ることで、自分がやるべきことが明確になり、サボれなくなるというメリットもあるらしい。

動けない植物は、さまざまな動物と助け合っている。

たとえば、花粉《かふん》をハチなどの昆虫に運んでもらう。

あるいは、熟した果実を鳥に食べさせる。そして、消化器官を通った種子が糞《ふん》と一緒に体外に排出されることによって、種子を遠くにばらまいているのだ。

このような共生関係《きょうせいかんけい》は、どのようにして築かれたのだろう。

進化の歴史をさかのぼると、植物の花にやってきた昆虫は、もともと花粉を食べるためにやってきた害虫だった。しかし、その害虫を利用して花粉を運ばせるようになったのだ。鳥との関係もそうである。植物は、果実を食べにやってきた鳥を利用して、巧《たく》みに種子を散布する。

こうして、敵であるはずの生き物を味方につけて助け合っているのである。

自然界では、激しい生存競争が繰り広げられている。

そこにはルールも道徳もない。とにかく、生き残れば勝ちという熾烈な競争が繰り広げられている。

そんな自然界で生物たちが最終的にたどりついた戦略は何だろう。それは「助け合う」ことなのである。

どんな手を使っても勝てばいいという自然界で、意外なことにほとんどの生き物たちは助け合っている。生物の進化がたどりついた答えは、「競い合うよりも助け合う方が有利」ということなのだろう。

セイタカアワダチソウは、北アメリカ原産の植物である。根から毒を出すので、日本に入って来たばかりのころには日本の植物は駆逐《くちく》されて、セイタカアワダチソウが独り勝ちをしてしまった。しかし、それはセイタカアワダチソウにとっても予期せぬことだったらしい。セイタカアワダチソウは自分の毒で自家中毒を引き起してしまい、すっかり衰退してしまった。

今ではセイタカアワダチソウも、他の植物と共存して生えている。植物も互いに競い合いながら助け合っているように見える。
競争が厳しい社会だからこそ、結局、助け合ったものが生き残っていくのである。

セイタカアワダチソウ

しぼり込んだ要素を
掛け合わせていくと、
よりナンバー1になりやすくなる

弱い一つもかけ算で強くなる

「そんなの関係ねぇ！」はこうして生まれた

あるとき、木村圭太さんがＤＪを務めるクラブイベントについて行きました。

ＤＪブースにいると、いきなり木村さんに「この音に合わせてラップをやってみて」とマイクを渡されました。いつもの愛のムチャぶりです。そのときやったネタが全然ウケなくて、「なんとかしなきゃ」と焦《あせ》って、とっさに出た言葉がこれでした。

「すべったけど……、そんなの関係ねぇ！　そんなの関係ねぇ！」

すると、これが意外にウケて、「そんなの関係ねぇ！」の大合唱が起きました。

それから数カ月が経《た》ち、僕がこのギャグをあらためて意識するようになる出来事がありました。ラジオのネタ番組で何をやろうか頭を抱えていたら、クラブイベントにも来ていた当時の恋人が、「あのときのギャグが私の家で流行ってるよ」と教えてくれたのです。僕はすっかり忘れていたのに、彼女の中で生き続けていたことに驚きました。ラジオでこのネタをやってみたら、入賞することができました。

「そんなの関係ねぇ！」をライブでやり始めたのはそこからです。

当時、僕らのような新人が事務所ライブで披露するのは、1分ネタから始まって、勝ち上がると3分ネタ、4分ネタ……と持ち時間が増えていきました。1分ネタでは服を脱ぎながら怖い話をしていましたが、3分ネタに昇格したときに、「そんなの関係ねぇ！」と組み合わせてみたんです。

服を脱ぎながら怖い話をしても、服を脱いじゃったから、全然怖がられてない。「あーヘタこいた！　でも、そんなの関係ねぇ！」

このときたまたま裸でこのギャグをやったので、それ以来、裸が定番になりました。「このネタ、なんで裸なの？」とよく聞かれましたが、これが海パンスタイル誕生の真相です。

当時、ライブのお客さんには女性が多くて、そこに僕が裸で出ていくとドン引きでした。でも、そのドン引きな感じも含めて、袖《そで》で見ていた芸人の先輩たちがめっちゃ笑ってくれたんです。それがうれしくて、このギャグを続けることができたようなものです。芸人の先輩が笑ってくれさえすればいい。そんな感覚でしたね。

ナンバー1か、オンリー1か

ナンバー1であることが大切なのだろうか？

それともオンリー1であることが大切なのだろうか？

じつは、自然界には明確な答えがある。

「ナンバー1でなければ生き残れない」これが自然界の法則である。

自然界はナンバー1をめぐるイス取りゲームである。イスを取れないナンバー

2は、滅びるしかないのだ。

しかし、そうだとすると不思議である。

ナンバー1でなければ生き残れないとすれば、自然界にはたった一種類の生き物しか存在できないことになる。

それなのに、実際には自然界はたくさんの生き物があふれている。

これはどうしてなのだろう？

じつはナンバー1になる方法は一つではない。ナンバー1になる方法は、たくさんあるのだ。

そして、ナンバー1になる方法を手に入れた生物が生き残る。つまり、ナンバー1になる方法は、その生物だけのオンリー1のものなのだ。

「ナンバー1になるためのオンリー1の場所」を手にすることが大切なのである。

それでは、どのようにすれば、ナンバー1になることができるだろうか。

重要なことは、しぼり込むことだ。

たとえば、植物の中でナンバー1というのは難しい。

しかし、水辺《みずべ》で咲く花というと、少ししぼり込まれる。さらに「水辺で春に咲く花」というように季節をしぼり込むと、ナンバー1になれる可能性が高まる。

効果的な方法は、掛け合わせることだ。「水辺で咲く」「春に咲く」「朝に咲く」としぼり込んだ要素を掛け合わせていくと、しぼり込まれて、よりナンバー1になりやすくなるのだ。

生物にとっての「ナンバー1になるためのオンリー1の場所」は、生物学では先述した「ニッチ」と呼ばれる。

ビジネスの世界でニッチというと、「すき間」というイメージがあるが、実際にはニッチはすき間という意味はない。ニッチは大きくてもいいのだ。しかし、大きいニッチでナンバー1になることは簡単ではない。ナンバー1になろうとすれば、条件をしぼり込んだ方がよいから、結果的にニッチは小さくなる。そして、さまざまな生物が小さなニッチを分け合いながら暮らしているのである。

オンリー1の独創性《どくそうせい》を演出する上で、効果的な方法の一つが「かけ算」をすることだ。

「怖い話」を芸にする人はいくらでもいる。服を脱ぐ裸芸をネタにする人もいくらでもいる。そこで、小島さんは「怖い話」と「裸芸」を組み合わせた。しかし、それでもお笑いとしては弱い。そこで、さらに「あーヘタこいた！　でも、そんなの関係ねぇ！」と音楽とフレーズネタと振《ふ》り付《つ》けを組み合わせた。「そんなの関係ねぇ！」は、まさに、かけ算によって生み出されたのである。

タガラシ
田んぼや溝などの水辺に生え、春に黄色の小さい花をつける

第2章

成功する場所、失敗する場所

雑草は森という
群雄割拠《ぐんゆうかっきょ》の土俵《どひょう》を下りて、
競争から逃げた植物

結果が出せないときは爪あとだけでも

1年でブレイクをはたす

「そんなの関係ねぇ！」をライブやネタ番組のオーディションで試してみて、反応を見ながら変えていく。そうやっていくうちに、体が自然に動いて、振りが生まれました。毎回違う振りを試していた時期もありますが、どれもしっくりこなくて、今の振りに落ち着きました。

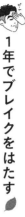

オーディションで意識していたのは、「誰ともかぶらないようにしよう」ということです。「我こそが一番おもしろい」と闘争心《とうそうしん》に燃える若手芸人がたくさん集まる場では、人とは違うことをやらないと埋もれてしまいます。

でも、僕のネタは「そんなの関係ねぇ！」だけだったから、これで勝負するしかない。他に引き出しがないんです。もし誰かとかぶっていたら「ごめんなさい！」です。

すると、案の定かぶっていました。「そんなの関係ねぇ！」の動きと同じ振りを、「オードリー」さんが漫才でやっていたんです。それで一《いち》か八《ばち》か、「オードリー」の春日《かすが》さんに電話して聞いてみました。「自分のネタでこの動きをやっているんですが、大丈夫ですか？」。すると春日さんは、「おお、じゃあいいよ」と承諾してくれました。若林《わかばやし》さんには伝えなかったと15年後に知りました（笑）。

最初に出演したテレビ番組は、『ぐるぐるナインティナイン』の「おもしろ荘」という企画コーナーでした。そのあと『笑いの金メダル』にも出て、それらがブレイクのきっかけになりました。2007年5月頃です。

WAGE解散から1年足らず。自分の予想よりも、周りの予想よりも、はるかに早くピン芸人としてのブレイクが訪れました。ただ、これも自分で計算したというより、流れに身を任せたらこうなった感じです。

ブレイクして環境が一変しました。目が回るような忙しさに加え、打ち上げや先輩との飲み会にもついて行ったので、生活はかなり不規則でした。

番組収録の仕事ではそのスピードについていけず、戸惑《とまど》うことも多くありました。ネタをやればウケるのですが、ネタ以外ではまったく仕事ができない。そんな情けない自分を思い知らされて、焦りと不安を抱きました。

とにかく目の前のことに食らいつくのに必死でした。作戦なんてありません。唯一考えていたのは、「何もしゃべらないよりは、前に出てすべるんだ！」ということだけ。結果を残せないなら、いかに爪あとを残すか。そこにすべてをかけていました。結果はいつも爪あとではなく傷あとでしたが……。

いろいろな強さがある

雑草は強いというイメージがあるかもしれないが、実際には違う。意外な感じがするかもしれないが、植物学的には雑草は「弱い植物」である。

いったい何に弱いかというと、雑草は他の植物との競争に弱い。

花壇《かだん》や畑では競争に強いというイメージがあるかもしれないが、それは花壇や畑に植えられた草花や野菜は、人間に守られなければ生きられないような植物だからだ。さすがに飼《か》い慣らされた植物に比べれば強いかも知れないが、自然界の植物の中では雑草は競争に弱い。

競争に強い植物たちが生える場所は森である。森は大きな木々が、枝を伸ばし、光を奪い合って生きている。まさに激しい競争が行なわれている場所だ。そんな場所に小さな雑草は生えることはできない。そのため、雑草は森の中には生えないのだ。

雑草は森という群雄割拠《ぐんゆうかっきょ》の土俵《どひょう》を下りて、競争から逃げた植物である。

しかし、どうだろう。別に森に生えなければならないというわけではない。森の外にも生えることのできる場所はたくさんあるのだ。

しかし、ただ森を出ればよいというものではない。森の外で生きることもけっして簡単ではない。たとえば、雑草が生える場所は、踏まれたり、抜かれたり、刈《か》られたりする。そんな場所では森の植物は生えることができない。

雑草は競争に弱い植物である。しかし、踏まれたり、抜かれたり、刈られたりするのには強い。その強さを発揮して、森の植物とは違った成功を手に入れているのである。

自然界を生き抜く上で、もっとも重要なことは、他の生物よりも優れていることではない。他の生物と「かぶらない」ことなのである。

森は植物にとって恵まれた場所である。しかし、森で生きることだけが、植物の生き方ではない。森の外で生きる成功もある。

当たって砕《くだ》けろとばかりに、激しい競争の中に身を置くことはカッコ良く見えるかも知れないが、雑草が生き抜く上で大切なことは、競争をせずに「ずらす」生き方なのである。

どんなに優れたものも、
その場所に合っていなければ、
生き残ることはできない

偶然生まれ、生き残ったものは計算したものより強い

息の長いギャグには秘密がある

ネタが生まれるときは、大体いつも追いつめられて、「なんとかしなきゃ」と焦っているときです。先輩にムチャぶりされたり、ネタがすべったりしたときに、とっさに口から出た言葉がおもしろかったりします。

「ダイジョブ、ダイジョブ」というネタも、そうやって生まれました。

ピン芸人のコンクール『R-1グランプリ』に出るために、それこそ机の上で考えたネタを先輩（カジさん）に見せたら、「やばい、そんなネタで大丈夫か？」と心配されました。せめてその場を挽回しようとして、「ダイジョブ、ダイジョ

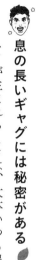

ブ」とおどけたら、「そっちの方がおもしろい！」とウケたんです（笑）。

「何の意味もない！」は、単独ライブのVTR作りの際に飛び出した言葉でした。港のふ頭《とう》を全速力で走って、最後には海にドボンと落ちる流れでした。ロケに同行してくれた先輩（カジさん）が、「海が浅いと飛び込んだときに危ない」と心配して、深さを測り始めてくれたんです。その辺に落ちていた木の枝にロープをくくりつけて、それを海に向かって投げれば、木の沈み具合で深さがわかると考えたようです。

でも、木だからすぐに浮いてしまいます。しかしカジさんは「俺の投げ方が良くないいんだ」と言って、何度も何度も投げていました。

心配してくれているカジさんの気持ちをムダにはできない。何とかその場を盛り上げなきゃ。そう思って、「いや先輩、それ木なんで、なんの意味もない！」とリアクションしたら、それが意外にウケた。のちに『爆笑レッドカーペット』という番組で初めてレッドカーペット賞を獲《と》れました。

僕のネタは、状況への対応でとっさに言った言葉から偶発的《ぐうはってき》に生まれたものがほとんどです。逆に「多分ウケるだろう」と計算したネタは、すぐに消えてしまいます。

「だろうね～」がその典型です。なんにでも返せる使い勝手のいいギャグとして考え出したのですが、ギャグとしての生命力に欠けるのか、今は使っていません。「ダイジョブ、ダイジョブ」や「何の意味もない！」とどう違うのかと問われれば、この二つは計算ではなく気持ちが先行して生まれているから、言葉に力がある気がします。

それに対して「だろうね～」は、言葉ありきで生まれているから、そこに気持ちが乗っていません。この違いが大きいのかもしれませんね。

新しいものが良いとは限らない

雑草は人間が作り出した環境に適応して進化している。そのため、雑草は進化した植物であると言われている。

植物の進化を見ると、単純なコケ植物からシダ植物が進化をし、シダ植物から種子植物が進化をした。

種子植物は、スギやマツなどの裸子《らし》植物というグループから、美しい花を咲かせる被子《ひし》植物が進化をした。

そして、被子植物の中から、環境の変化にスピーディに対応するために「草」というより、シンプルな形が誕生した。

このように、植物は長い時間をかけて進化を遂《と》げてきたのである。

それでは、より進化した植物の方が優れているかというと、そうでもないところが、おもしろいところだ。

進化の過程を見れば、コケやシダは進化の前段階の古いスタイルだが、コケやシダが絶滅しているかというとそうではない。コケやシダもしっかりと生息している。

自然界はナンバー1でなければ、生き抜くことができない。

そして、ナンバー1になる方法はたくさんある。

そのため、古いタイプの方が適している場合もあるのである。

生物の中にはシーラカンスやカブトガニのように、古代から見た目が変わらない「生きた化石」と呼ばれる生物がいる。昔ながらの形で、昔ながらに生きている。しかし、この地球に生存しているということは、そんな生き物もどこかの部分で、ナンバー1ということなのだ。

スギナはやっかいな雑草として知られている。除草剤《じょそうざい》の宣伝《せんでん》では「スギナまで枯らします」と謳《うた》われているものがある。スギナはなかなか枯れない雑草の代表なのだ。

そのスギナは植物の中では古いタイプのシダ植物である。

古いものより新しいものが優れていると思いがちだが、けっして新しいものが良いとは限らない。古くから残っているものは、やはり優れている。時代遅れに思える古いタイプが適していることもあるのだ。

どんなに優れたものも、その場所に合っていなければ、生き残ることはできない。

大切なことは、その場所に「合っているかどうか」なのである。

自分の「ものさし」を作った方が
ナンバー1になりやすい

弱い者同士で集まって対抗する

「一発屋」と呼ばれて

「一発屋」という言葉はブレイクしたての頃からネタとして「俺もビリー（ビリーズブートキャンプ）も一発屋、でもそんなの関係ねぇ！」なんてネタにしていましたが、そのときは「俺は一発屋じゃねえ」という気持ちでした。ただ一発屋というキーワードを自分から口にしたのは僕が初めてだったと思います。

その後、テレビに頻繁《ひんぱん》に呼ばれたのは1年くらいで、流行りが過ぎると仕事は激減。2007年からは3年連続で「来年消える芸人」ランキング1位を飾ることになりました。ほかにも「小学生が選ぶ今年消える芸人」、「占い師が選ぶ今年消える芸人」などのランキングでことごとく選ばれました。

「消える芸人」「一発屋」と呼ばれることが嫌だったし、自分が忘れ去られてしまうことに焦りも感じました。「新しいギャグを考えて、もう一旗《ひとはた》あげようか」とも思ったりもしましたし、実際にギャグを作ってもがいてもいました。

事務所にとっても、「一発屋」はネガティブワードです。ダンディ坂野《さかの》さんをはじめ「一発屋」と呼ばれる先輩芸人がいたので、「小島は一発屋にさせないぞ」と事務所も神経質になっていました。

やがて、「消える芸人」と呼ばれ続けて3年も経つと、自分でも「これをネタにしてしまおう」という心境になっていきました。

弱みを逆手《さかて》に取ることを明確に意識し始めたのは、2014年頃、「一発屋」と呼ばれる芸人で集《つど》い「一発屋会」を結成したあたりからです。

当時、『エンタの神様』『爆笑レッドカーペット』の二つのテレビ番組が「一発屋」を量産していました。過去には吉本興業《よしもとこうぎょう》さんが一発屋ライブを開催していましたが、事務所の垣根《かきね》を越えて、ライブよりももっとオフに近い形で近況報告会のようなものができたらいいなと思ったんです。レイザーラモンHGさんと筋トレしているときにそんな話になり、飲み会としてスタートしました。その名も「一発屋会」。「ルネッサーンス」（「髭男爵」さん）で始まり、「ゲッツ」（ダンディ坂野さん）で終える会です。

一人ひとりに力はなくても、数が集まれば力になる。今では「一発屋」のカテゴリーが世間に認知《にんち》され、「一発屋」としてテレビに呼ばれることもあります。

一方で、いまだに「一発屋」と呼ばれるのを嫌がる芸人さんがいるのも知っています。その悔しさをエネルギーにする人もいます。一発屋会に入りたくないという人もいます。一発屋へのスタンスは個々の自由です。正解はありません。

僕自身は「一発屋」をネタにしてしまえば、芸人として「一発屋」という引き出しが一つ増えて、「ラッキー！」くらいに思っています。

自分の居場所のための「ものさし」を作る

自然界はナンバー1でなければ、生き抜くことができない。

そして、ナンバー1になる方法はたくさんある。

それでは、どのようにすればナンバー1になることができるだろうか。

誰もが追い求める「優れた姿」の反対側にナンバー1となる「とんがり」があることもある。

すべての生物が高度に進化する中で、進化していない古いタイプがナンバー1になることもある。鳥たちが早く飛ぶことを競い合う中で、飛ばない鳥というナンバー1になる方法もある。植物たちが光を求めて上へ上へと伸びていく中で、上へ伸びないというナンバー1もある。

誰もが思う「ナンバー1」の反対側にも、ナンバー1となるチャンスがあるのだ。

「一発屋」という言葉に良いイメージはない。

しかし、もし「一発屋」というカテゴリーが作られれば、「一発屋」というカテゴリーの中に新たなナンバー1が生まれる。

「一発屋」と呼ばれたくないと誰もが思う中で、「一発屋」というカテゴリーを自ら名乗った小島さんの戦略は秀逸《しゅういつ》である。小島さんは「来年消える芸人」ランキングで3年連続1位を獲得している。3年連続ランクインしていれば、もう消えていない。しかし、もはや小島さんは、「消えると思う芸人」の称号《しょうごう》をほしいままにして、「消えると思う芸人」として、多くの人の記憶に刻まれている。

実際に、「一発屋」というカテゴリーは市民権を得て、バラエティ番組では間違いなく、「一発屋芸人」という枠《わく》が作られた。

ナンバー1になる方法はたくさんある。

誰もが思わないところにも、ナンバー1になる方法はある。

どんな形でもナンバー1になればいいのだ。

そして、「ポジション」は与えられるものではない。自分にあったポジションを作ればよいのだ。

そして、ナンバー1になる方法は、誰かに与えられるものでもない。自分で作ればよいのだ。

誰かに与えられた「ものさし」で競い合うよりも、自分の「ものさし」を作った方がナンバー1になりやすいに決まっている。

「得意なところ」の周辺に
「ナンバー1になれそうな場所」
がある

強者がいない場所を探す

自分の専門性の育て方

2007年から2011年までレギュラー出演していた『クイズ！ヘキサゴンⅡ』。この番組には、総合司会の島田紳助《しまだしんすけ》さんをはじめ、いろんな専門性を身につけた手練《てだ》れの芸人さんたちが集まっていました。

スゴイ人たちに囲まれていると、自分も同じ土俵で頑張りたいと思うものです。

当時は、「品川庄司《しながわしょうじ》」の品川祐《しながわひろし》さんや今田耕司《いまだこうじ》さんのように、トークもできて周りの人も生かせるような芸人さんにあこがれていました。トークの上手い先輩芸人から「俺は前説をやってたよ」と聞いて、自分も前説をやらせてもらえるように番組に頼んでみたこともあります。でも、いくらトークで頑張っても、品川さんや今田さんにかなうはずがありません。

だったら、多少は自信のあるスベリならどうかといえば、これも、「ますだおかだ」の岡田圭右《おかだけいすけ》さんには及ばないんですね。自分には何の専門性もないなぁ、何もできないなぁ、と不甲斐《ふがい》なく思っていました。

そんなとき、「子ども向けライブをやってみたら?」とアドバイスしてくれたのが松田さんでした。親子連れがたくさん見に来てくれたライブで「そんなの関係ねぇ!」をやったら、ライブ終了後に子どもがマネしていたことがありました。そのことを覚えてくれていて、「子ども向けライブに可能性があるんじゃないか」とヒントをくれたのです。

それまで大人向けにやっていたライブを、子ども向けにシフトチェンジしたのは、2011年からです。テレビでは「筋肉芸人」の仕事が多かったので、「子ども向け」のイメージはゼロです。子ども向けライブの実績もありません。まずは「小島よしお=子どもに人気」と世間に認識《にんしき》してもらうために、毎年、開催していた単独ライブと年間100回近くある営業(イベント)を子ども向けにしました。

正直言うと、松田さんに言われるまで、子ども向けライブに興味があったわけではありません。が、子ども向けライブをやっている人がいないことには興味をそそられました。「誰もやってないなら、おもしろそう！」とがぜんやる気が湧《わ》いてきました。

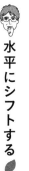

水平にシフトする

生物が生き抜くにはナンバー1となる居場所が必要となる。

しかし、その居場所を獲得したからといって、安心はできない。

ナンバー1になれる場所はニッチと呼ばれる。すべての生物は自分のニッチを拡大しようと虎視眈々《こしたんたん》狙っている。少しでも油断すれば、ニッチは簡単に奪われてしまうことだろう。

あるいは外来種《がいらいしゅ》のような新たな生物が登場することもある。外来種もニッチを確保しなければ生きていけないから必死である。

ニッチは既得権《きとくけん》ではない。新たに登場した生物にニッチを奪われれば、そこにもう居場所はない。

生物が地球に生存し続けるためには、常にナンバー1であり続けなければならないのだ。

そんなことできるだろうか。

自分の得意なところで勝負する。それがニッチを確保するために必要なことである。

しかし、ナンバー1であるかどうかは、他の生物との関係によって決まる。もし、ニッチが危《あや》ぶまれたらどうすればよいだろう。

もしかすると、今あるニッチの近くに、新たなニッチが存在するかもしれない。そのため、生物は「得意なところ」の周辺に「ナンバー1になれそうな場所」を探していく。こうして、ニッチを水平方向に展開し、ずらしていくのである。

これは「ニッチシフト」と呼ばれている。

ニッチシフトをするためには、勝負できる「自分の軸《じく》」が必要だ。

小島さんは、ターゲットとなる客層に合わせて芸風を変えていくような器用《きよう》なことはできないという。しかし、小島さんは「自分らしい芸」に磨《みが》きを掛けて、その芸が合う場所を探していった。そこで、「子ども向けライブ」にハマったのである。

同じギャグでも、ウケる場所があったり、ウケない場所があったりすることだろう。

同じ雑草でも場所が違えば成功できない。成功できないのは、場所が合っていないだけかもしれないのだ。

「自分の軸」さえしっかり持っていれば、合わない場所で無理に努力することよりも、自分を生かせる場所の方を探す方が得策なのかもしれない。

必ず勝てそうな場所で
最大限の力を注ぐ

目標を決めたら自分にも周りにも言い続ける

子どものカリスマになる！

この頃にはテレビに出る機会もめっきり減って、久しぶりに会う人からは「最近は何やってるの？」と聞かれました。そんなときは必ずこう答えていました。

「子ども向けライブをやっていて、人気あるんですよ」

「『日本一ベビーカーが並ぶライブ』って言われているんです」

もちろん、うそです。人気なんてありません。

実際はSNSで集客しても人が集まらず、友達の子どもが通う幼稚園や知人の行きつけの居酒屋でチラシを配り、「ライブやるからよかったら来てね」と宣伝するなど、地道な草の根作戦の真っ最中でした。

でも、自分ではうそをついているつもりはないんです。「きっとうまくいくだろう」と心のどこかで思っていました。〝根拠のない自信〟ってやつです。

その自信はどこからくるのかといえば、自分の中にある手応《てごた》えと言えるかもしれません。「そんなの関係ねぇ！」のネタをやり始めた頃から先輩たちが笑ってくれていた、あの手応え。子ども向けライブをやる中で、あの手応えを感じていたんです。

「子どものカリスマになる！」と紙に書いて、自宅のトイレのドアに貼《は》っていました。目標を紙に書いて貼るようになったのは、大阪で洋菓子店を展開するマダムシンコさんの影響です。テレビ取材でご自宅を訪問したときに、「トイレに目標を貼るのが一番目につくからいい」と話されているのを聞きました。それで、「僕もやってみよう」と実行してみました。

「こうなりたい」とゴールを思い描いたら、昔から、それをためらわずに口に出してきました。WAGEを解散してピン芸人になったときも、「ピンで売れるんだ！」と言い続けていました。そのために具体的にどうすればいいのか、細かな道筋や作戦を立てるのは苦手ですけどね。

知り合いや関係者に声をかけて、ライブを見に来てもらう。地道に活動を続けていって、子ども向けライブなどの活動が仕事になるのに5年以上かかりました。

勝負する場所を間違えない

雑草は競争に弱い植物である。そのため、強い植物との競争を避《さ》けて、戦いから逃げている。

しかし、逃げ続ければいいというものではない。

自然界はナンバー1でなければ生き残れない。そうであるとすれば、どこかでは勝負しなければならないのだ。

無駄な勝負をしてはいけない。自然界はナンバー1しか生き残れない。ナンバー2は滅びるだけだ。そうであるとすれば、ナンバー1とナンバー2を決めるような争いは避けなければならないのだ。

しかし、ナンバー1であるためには戦わなければならないときがある。そうであるとすれば、必ず勝てる場所を選ぶ必要がある。そして、必ず勝てそうな場所で最大限の力を注《そそ》ぐのだ。

つまりは、「選択と集中」である。

「選択と集中」は「ランチェスター戦略」の重要な要素の一つである。

ランチェスター戦略は、「弱者の戦略」とも呼ばれ、もともとは軍事戦略のための法則だったが、最近ではビジネスの場でも用いられる法則である。

「選択と集中」は生物の世界も同じである。

何しろナンバー1にならなければ生き残れないから、場所をしぼり込んで、そこに全力を注ぎ込むことが必要なのだ。

ナンバー1になることは、どんな生物にとっても簡単なことではない。そのため、選択と集中は、どんな生物にとっても必要なことだ。ビジネスの世界でも、ランチェスター戦略は、弱者の戦略と呼ばれることが多いが、そうだとすれば、自然界ではほとんどの生物が「弱者の戦略」を選択している。

「スゴイ人たちと同じ土俵で戦わずに、子ども向けライブをする」。これはただ、戦いから逃げているだけのようにも見えるがそうではない。小島さんは「子ども向けライブのカリスマ」を目指している。

「子ども向けライブのカリスマ」という目標は、抽象的《ちゅうしょうてき》に思えるかも知れないが、そうではない。短いフレーズでイメージ化しやすい目標を明確に「言語化」している。「イメージできる形」であることが大切なのだ。

つまりは、明確に戦う場所を選んで力を注いでいるのである。

よしおの人生アルバム①

芸人になってから初めての夏休みで行ったニューヨーク。

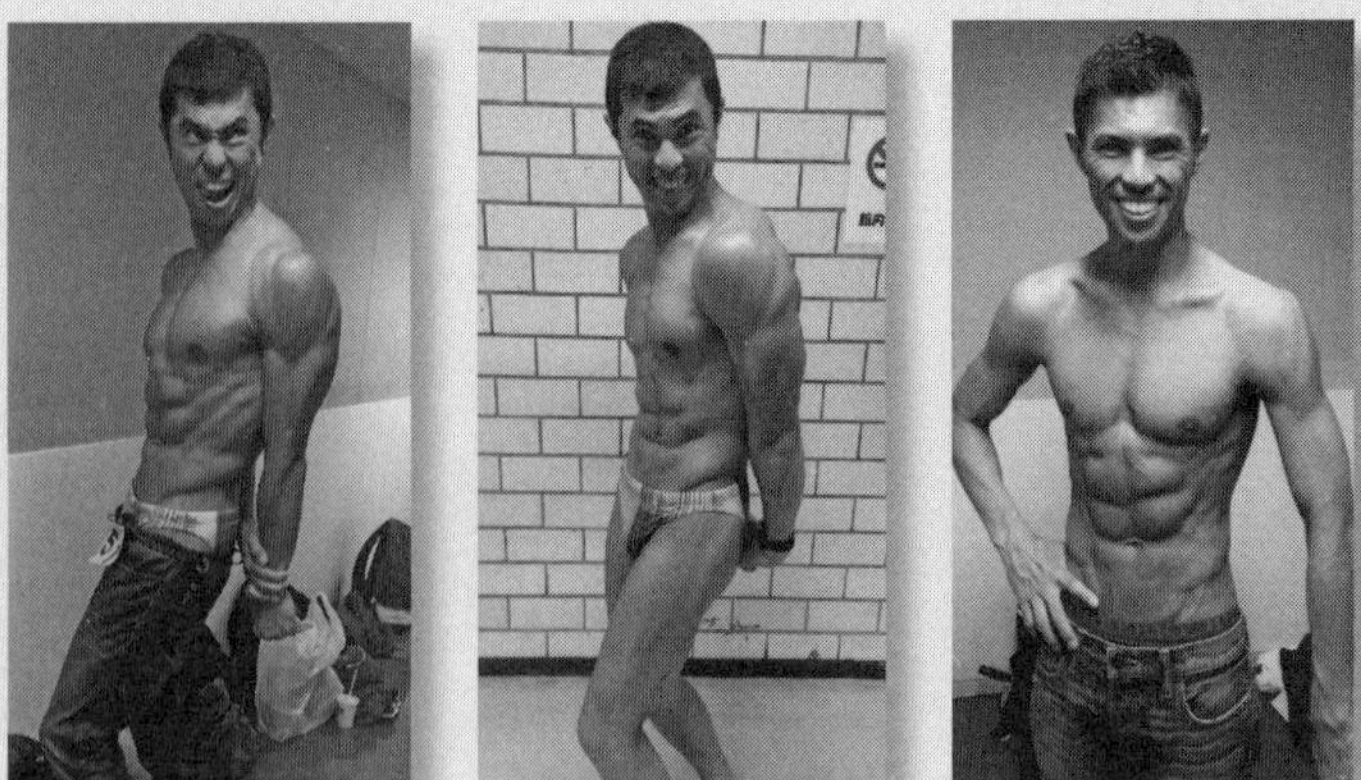

2014年、2015年に参加した「ベストボディ・ジャパン」。

第3章

ゴールのために できることは 何でもやる

自分の進む道が
壁にぶつかったと感じたら、
別の道を遠回りしてみる

まったく違う分野でも成功の条件は同じ

経営の神様から学んだこと

「一発屋」の称号をネタにして、「一発屋」のイメージを変えようと、自分からそう名乗っていましたが、危機感がなかったわけではありません。「このままでは本当に仕事がなくなって、悪い意味での一発屋になってしまう」。そうならないためにどうするのかをいつも考えていました。

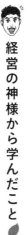

そこで読み始めたのが、経営者の人が書いた本です。そこに書かれた戦略を参考にしたり、自分の活動に取り入れたりして、なんとか生き残ろうと必死でした。

松下《まつした》幸《こう》之助《のすけ》さんの本から学んだことに、「ダム式経営」の考え方があります。ダムのように資金や設備に余剰をもたせ、好不況にかかわらず、安定的に商品やサービスを提供できる経営のことをダム式経営と呼ぶそうです。

幸之助さんがダム式経営について講演会で話したとき、「ダム式経営ができれば理想ですが、なかなか余裕がなくて難しい。どうしたらダムが作れるのか教えてください」と質問した人がいました。それに対して、幸之助さんは「まず大事なのはダム式経営をやろうと思うことでしょう」と答えたと言います。つまり、「ダムの作り方よりも、まず『作る』と決めることが肝心だ」と幸之助さんは伝えようとしたのです。

この話を読んで、僕の「根拠のない自信」と似たところがあるなと思ったんです。「とりあえず『こうなろう』と決めることが大事なんだよ」という幸之助さんのメッセージは、「子どものカリスマになる！」と決めた僕の背中を押してくれました。

お笑い芸人なら、お笑い芸人の先輩をお手本にするのが一般的かもしれません。でも僕の場合、経営者など別ジャンルの人たちからヒントをもらうことが多いですね。経営者の哲学や言葉に背中を押されたり、実際に取り入れてみたらうまくハマったりした経験があるので、自分に合っている気がします。

経営者の本はいろいろ読みましたが、中でも稲盛和夫《いなもりかずお》さんや中村天風《なかむらてんぷう》さんが好きです。

経営者の人たちが好んで読むという『致知《ちち》』という雑誌を高校野球時代の恩師のすすめで読んでいます。人間学が学べる雑誌の内容もさることながら、そもそもこういう雑誌を読んでいるお笑い芸人は珍しいだろうな――と思うこと自体が、僕にはワクワクするんですけどね。

おそらくは、真理は一つ

私事《わたくしごと》だが、私は「雑草の生き方」をテーマにした本を書いている。

意外なことに、これらの植物の本は、企業経営者の方やビジネスパーソンの方に読まれている。ビジネスセミナーなどの講演会の講師として招《まね》かれることもある。

私はビジネスのことなど、まるでわからないから、講演会では、植物の話をする。植物の話しかしていないはずなのに「企業戦略の参考になりました」とか、「ビジネスの方法がわかりました」と感想を言われる。どうしてなのだろう。

スポーツ関係のアスリートの方や指導者の方と対談させていただく機会もある。

私はスポーツなど、まるでできないから、植物の話をする。それなのに、「やっぱり、そうなんですね」「とても腑《ふ》に落ちました」と妙《みょう》に納得される。

芸能界の方とお話をさせていただいても、なぜか意気投合《いきとうごう》することが多い。

小島さんも、私の研究所まで来ていただく機会があって、一緒に雑草を見て歩いた。私は雑草の話をする。小島さんは芸能界の話をする。まったく違う話をしているはずなのに、まるで「すれ違いコント」のように、シンクロしながら、話が盛り上がった。

雑草の話をしているのに、なぜかいろいろな分野の方と話が合うのである。

小島よしおさんは、経営者の戦略に自らの活路《かつろ》を見出した。

植物の世界も、ビジネスの世界も、スポーツの世界も、芸能界も、成功するために必要なことは同じということなのだろう。

おそらくは、真理は一つなのだ。

そうだとすれば、他分野から学べることもたくさんあるはずだ。

もし、自分の進む道が壁にぶつかったと感じたら、別の道を遠回りしてみるのもいい。どうせ行く先は同じなのだから、隣《となり》を進んでいく他分野の道を歩くことで、困難を突破してブレイクスルーをはたすことができるかもしれない。

小島よしおさんは、「人間学の雑誌を読むお笑い芸人」らしい。一本の道を突き進む人もカッコいいが、たくさんの道を知っていて、道草《みちくさ》を食っている人も魅《み》力的《りょくてき》だ。「おっぱっぴー」などと言っている人が「人間学の雑誌を読むお笑い芸人」というのは、本当におもしろい。見ている私もワクワクさせられる。

植物や生物の成功戦略は、何億年という長い時間を掛けてトライアンドエラーを繰《く》り返した結果、残っているものである。つまりは、明確な成功事例なのだ。

そんな植物の戦略や生物の戦略には、学ぶべきことも少なくないはずである。

うまくいっていないのは、
場所が合っていないから、
だけかもしれない

行き詰ったときは環境を変える

浅草に引っ越す

子ども向けライブを始めたものの、この先どうなるかわからない。仕事は減るばかりで、増える気配もない――。

この停滞感《ていたいかん》を打ち破りたいと思って、２０１２年、環境を変えてみることにしました。当時住んでいた中目黒から浅草への引っ越しです。

住む場所が変われば、付き合う人が変わります。その結果、人生が変わっていく。これが僕の持論です。浅草に住んでいる知り合いの芸人さんがいなかったのも、決断の後押しになりました。

浅草では一時期、外国人と一緒に住んでいたこともあります。

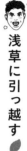

その理由は、英語をしゃべりたいから。「英語を上達するには外国人と一緒に住むのがいいよ」と聞いて、余っていた部屋に外国人を招いてルームシェアしました。

同居したユージンのライフスタイルからは、大きな影響を受けました。

彼はいつも家でリラックスしていました。僕からすれば、「いつも家にいて退屈《たいくつ》しないのかな」と不思議でしたが、家で時間を過ごす彼はハッピーに見えました。

一方、当時の僕は、仕事がない状況への焦りから、仕事につながる飯《めし》の種を必死に探していて、「いつ休んでるんだい？　いつも家にいないし、すごく忙しそうにしている」とユージンにあきれられていました。「よしおは芸風がクレイジーだけど、私生活もクレイジーだ」って。

そのとき、芸人になってから僕は初めて夏休みを取りました。ユージンの実家があるニューヨークで一週間ほど一緒に過ごしたのです。

この経験は僕の意識を変えるきっかけになりました。大御所《おおごしょ》は別として、若手芸人が夏休みを取るのは珍しかったお笑いの世界で、「休みをしっかり取って、楽しむ」ことの大切さを教えてくれたのでした。

環境を変えてみる

ナンバー1になるためには得意なところで勝負することが必要だ。

苦手なところで努力しても仕方がない。

イルカが陸の上で走る練習をしても仕方がない。どんなに頑張っても、ピチピチ跳ねることしか、できないだろう。

一方、努力しなくても陸上を速く走る動物はたくさんいる。チーターやサラブレッドは、みんな速く走ることができる。しかし、泳ぐことはどうだろう。どんなに努力してもイルカのように速く泳ぐことはできないだろう。

イルカは練習しなくても水の中を自在に泳ぐことができる。

陸の上に打ち上げられたイルカにとって大切なことは、チーターにあこがれて、走る努力をすることではない。水のある場所を探すことだ。

成功していないのは、もしかすると、能力がないからでも、努力が足りないからでもないのかもしれない。それは、ただ環境が合っていないだけかもしれないのだ。

雑草も同じである。

どこにでも生えているように見える雑草だが、よく観察してみると、たとえば踏まれる道ばたに生えている雑草と、草刈りされる公園に生えている場所に生えている雑草は種類が違うことに気がつくだろう。

雑草の成功にとって大切なことは、生える場所である。雑草が強く生えているように見えるのは、自分に合っている場所に生えているからなのだ。実際には、たくさんのタネが自分に合わないところに落ちて、成功できずにいる。

植物は動くことができないから、雑草は得意な場所に生えることのできたものだけが生き残る。自分で生える場所を選ぶことができないのだ。

しかし、私たち人間は動くことができる。環境を変えてみることもできる。

自分を変えることは難しいかもしれないが、環境を変えてみることは、自分を劇的に変えるかもしれない。

うまくいっていないのは、場所が合っていないから、だけかもしれないのだ。

踏まれることに対応して進化した

根っこの成長は目には見えない。
大切な成長は目に見えないのだ

誰かに合わせるよりも自分が決めたことを続ける

死亡説がでまわる

2014年、テレビの全国ネットから姿の消えた僕に、ネット上で「死亡説」が出ました。「天国にいる小島さんにみんなでつぶやこう」という投稿がでまわったのです。

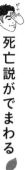

仕事がない僕のことを周りは心配していましたが、僕はそれほど思い悩んではいませんでした。空《あ》いた時間を有効活用して、芸人としてもっと成長するためいろいろやってみようと思ったからです。

新しいネタを作ってライブで試したり、新しい仕事につながりそうな資格取得の勉強をしたり。子ども向けライブに役立つキッズコーディネーショントレーナーや、美容と健康と食育《しょくいく》の資格であるファスティングマイスター、筋トレのパーソナルトレーナーの資格など、いろんな資格を取りました。

この頃、都内の喫茶店の食べ歩きにも挑戦しました。1日3〜4軒ずつ、全部で100軒まわりました。喫茶店にくわしくなれば、毎回決められたテーマで芸人たちがトークを展開する『アメトーーク！』のようなテレビ番組に呼んでもらえるんじゃないか。そんな下心《したごころ》で始めましたが、レビューが下手な僕には向いてなかったようで、まったく仕事にはつながりませんでした。

「小島はもうすぐ消える」と言われていた頃は、テレビに出るためにいろんなことに挑戦して、芸人としての引き出しを増やそうとしていました。自分の興味関心よりも、「これなら仕事につながりそう」という打算《ださん》で動いていました。でも途中から、テレビ番組を目的に何かをするのは本末転倒《ほんまつてんとう》じゃないか、と考えるようになりました。

テレビ番組はいつか終了します。テレビ番組出演を目的にしていると、番組に振り回されて、自分を見失いそうだと思ったのです。

テレビ番組を追いかけるのはやめよう。それよりも、自分がやりたくて続けていることが、テレビ番組に取り上げられて、世の中に知られていくのがいい。

こう考えるようになったのも、子ども向けライブをやっていくと決めたあたりからです。テレビに合わせてコンテンツを作るのではなく、「これが小島よしおのコンテンツ」と言えるものを作って、それをテレビに取材してもらうやり方を目指すことにしました。

根っこの成長は目に見えない

目に見えて成長していると感じるときがある。そうでないときもある。

目に見えて活躍していると思えるときもある。そうでないときもある。

「そうでないとき」には、どうすればいいだろうか。

雑草も目に見えて成長をするときがある。ぐんぐんと茎《くき》を伸ばし、葉っぱを茂らせていく。しかし、調子良く成長できるときばかりではない。寒さに凍《こご》えたり、日照《ひで》りに苦しんだり、踏まれ続けたり、刈られ続けたりして、思うように成長ができないときもある。

そんなとき、雑草はどうするだろうか。

苦しいとき、つらいとき、雑草は、グッと根を伸ばす。

何も上に伸びるだけが成長ではない。下に伸びることも成長である。

だから、雑草は上に伸びることができないときは、深く深く下に根を伸ばすのだ。

植物にとって、もっとも大切な器官《きかん》は根っこである。

根っこは水を吸い、栄養を吸うための器官である。そして、根っこは地上の成長を支えるための器官でもある。

もし、根っこを伸ばすことなく、上へ上へと伸びようとすれば、植物は倒れてしまうことだろう。深く深く根を伸ばしているから、上へ上へと伸びることができる。

根っこの成長は目には見えない。しかし、根っこが成長していなければ、上に成長することができないのだ。

そして、根っこは栄養を蓄える器官でもある。

たとえばタンポポは冬の間は茎を伸ばさない。その代わり、1メートルにもなる長い根っこを地面の下に伸ばしていく。そして、冬の間、せっせと栄養分を根っこに蓄えているのだ。

そして、春になり花を咲かせる季節になると、蓄えた栄養を使って、一気に茎を伸ばす。そして、美しい花を咲かせるのだ。

根っこの成長は目には見えない。大切な成長は目に見えないのだ。

上に伸びることができないときこそ、じつは力を蓄えて、成長するチャンスなのである。

戦うためのオプションは
多い方がいい。たとえ
使わないかもしれなくても、
持っている武器は捨てない

自然に出てきた好きなことは捨てない

筋肉芸人の誕生

僕のアイデンティティの一部となっている「筋肉芸人」は、テレビを意識して作ったものではなく、自分の中から自然に出てきたキャラクターです。高校時代から筋トレが好きで、ずっと続けてきたことだったので、「筋肉芸人」を名乗るようになったのも自然の流れでした。

一時期は、筋トレが好きすぎて、その道を究《きわ》めることも考えました。ちょうど仕事が少なく休みの多い時期だったので、年に6回、鳥取の「筋肉仙人」と呼ばれる人のもとに修業に通っていました。

筋肉仙人のことを知ったのは、細マッチョが健康美を競う「ベストボディ・

ジャパン」という大会に参加した際の打ち上げの席です。ああいう場では、みんなほとんど筋肉と栄養素の話しかしません。そこで「みんながこっそり通っているパーソナルトレーナーが鳥取にいる」と聞いて、一緒につれて行ってもらったのが最初です。

筋肉仙人は、筋肉や筋トレのことを理論的に教えてくれました。「この角度できたえると、この筋肉に効きますよ」「もう1ミリ高く」「負荷を逃さないで」などと指導がものすごく細かいのです。その指導法が僕にとっては革命的で、筋トレの本質をつかめた気がしました。実際、筋肉仙人の指導のもと、僕の筋肉がかなりきたえられたので、「この道をもっと究めていこう」と思ったほどです。

でも、その情熱は長続きしませんでした。その翌年の大会に出たのが最後になりました。というのも、大会に出場するための食事制限が厳しくて、仕事にも支障が出始めたからです。テレビ番組の食事のロケなのに、「これ食べれません」と断ることに、居心地の悪さを感じていました。

大会出場はあきらめましたが、筋トレは好きなので、今でも続けています。好きだからといって、無理しすぎても続かないことを学びました。体をきたえるのは、僕のトレードマークのブーメランパンツが似合う程度に留《とど》めておくことにします。

オプションの数は多い方がいい

雑草のタネには遠くに飛ばして分布を広げるという戦略と、近くにばらまいて縄張《なわば》りを確保する戦略がある。どちらがよいだろう？

雑草のタネは早く芽を出した方が有利だろうか？　それとも様子を見ながら後から芽を出す方が有利だろうか？

雑草は他の花と花粉を交換する他殖《たしょく》と、自分の花粉で受粉する自殖《じしょく》とがある。他殖は、多様性を高めるために有利である。一方、自殖は確実に子孫を残せるメリットがある。自殖と他殖は、どちらが有利だろうか？

AかBかの選択肢を迫られることがある。

雑草は、予測不能な変化が起こる環境に生える。そのため、AかBかを決めることは難しい。Aが有利か、Bが有利かは、状況によって変化するからだ。

そのため、雑草は二者択一の選択があるときに、どちらか一方を選ぶことはせずに、両方を持っていく。これは「両掛《りょうか》け戦略」と呼ばれている。

たとえば「くっつき虫」と呼ばれる雑草であるコセンダングサは、実の外側についているタネが、積極的に人の衣服や動物にくっついて遠くへ運ばれていく。一方、実の内側についているタネは、遠くへ運ばれずに近くに落ちることも多い。

オナモミも実が服などにくっついて運ばれるため「くっつき虫」と呼ばれる雑草の一つだ。オナモミは実の中に二つのタネが入っている。一つは早く芽を出すタネである。そして、もう一つの種子は様子を見ながら、ゆっくりと芽を出す。

周りの植物に先駆けて早く芽を出す方が有利である。しかし、早く芽を出したことで、枯れてしまうことがあるかもしれない。そんなときは、ゆっくりと芽を出したタネが成功を収めるのだ。

ツユクサは昆虫を呼び寄せて花粉を運ばせる他殖を行なうが、昆虫がやってこないときもある。そんなときは、花がしぼむ前に、自分の花粉を自分の雌《め》しべにつけて自殖をする。もしものときのために、選択肢をしぼらないのである。

先述のように、雑草は戦う場所は選ぶ。しかし、戦うためのオプションは多い方がいい。だから、たとえ使わないかもしれなくても、持っている武器は捨てない。これが雑草の戦略である。

小島さんは、「一発屋」「裸芸人」「自転車」「高学歴芸人」「子ども向け」「野菜芸人」「筋肉芸人」など、たくさんのレッテルを持っている。その引き出しの多さが小島さんの魅力だ。

もっとも「筋肉芸人」というオプションは、今のところ効果を発揮していないようだ。今後も、大々的に使われることはないかもしれない。

しかし、環境が変われば何が起こるかわからない。そうだとすれば、引き出しの数は多い方がいいに決まっている。ましてや、それが好きなことであり、得意なことであるとすればなおさらだ。

雑草はリスクの
小さなチャレンジを
繰り返している。だからこそ、
成功にたどりついている

不向きとわかったらさっさと撤退する

途中でやめることは、失敗ではない

僕は、興味が湧くとまずはやってみるタイプなので、いろんなことに挑戦しているように見えるかもしれません。でも、やってみて「ちょっと違うな」と思えば、途中でやめることも多いんです。

太鼓《たいこ》とカポエラを習っていた時期もありましたが、すぐにやめてしまいました。ポールダンスは続いた方ですが、皮膚《ひふ》が痛くなって断念しました。最近始めたオンラインサロンは、会員が13人しか集まらず、3カ月で閉鎖《へいさ》しました。たぶん芸能界では最速で閉鎖されたオンラインサロンでしょう（笑）。

このように、「これは合わないな」と思えば、撤退も早いんです。

撤退を決める際の確たる基準はありませんが、自分の中での手応えは大事にしています。人からなんと言われようと、続けることにメリットがあったとしても、自分の興味が失せれば続けられません。また、周りからの反応が薄い場合にも、わりとすぐにやめてしまいます。

高校時代にはこんなことがありました。僕は芸能人を目指す前、プロ野球の選手になるのが夢でした。かなり真剣で、とりあえず大学までやってみようと夏の大会が終わって引退したあとも、グラウンドに行き練習をしていました。でもある日、その情熱が突然消えたんです。

理由は、3年間ずっとアルバイトをしていた男子に身体測定で負けたことです。筋トレマニアの僕が、まったく歯が立たなかったのです。「彼のような人が、さらにきたえてプロになるんだな」と腹落《はらお》ちして、自分の限界を思い知りました。

そのとき僕は、野球に対して完全に見切りをつけました。小学校から12年間、野球に打ち込んできて、やり切った感覚があったのも大きかったです。

途中でやめることは、失敗ではないと僕は思っています。自分に向いてないことがわかったから、やめるのです。次の可能性に向かって扉を開くことで、むしろ成功につながっていると言えそうです。

苦手なところで勝負しない

「得意なところで勝負する」ということは、つまりは「苦手なところで勝負しない」ということだ。

そのためには、何が苦手かということを知らなければならない。

しかし、苦手かどうかは、やってみないとわからない。

思い出してほしい。

「小さなタネをたくさん作る」ということが、雑草の戦略だった。

大きいタネを作るには、それなりに投資がいる。

小さいタネを作るには、投資は少なくていい。その代わり、雑草はたくさんのタネを作る。

雑草は、一株の個体が、何千も何万ものタネを作る。

しかし、その多くは、雑草として成功することはない。雑草として成功しているのは、何千か、何万ものタネのうちの、ほんの数株である。もしかすると、一株くらいしか成功していないかもしれない。

ほとんどのタネは失敗をしているのだ。

しかし、私たちは成功を遂げて繁茂《はんも》している株を見て、「雑草はすごい」「こんなところにも生えている」と驚いている。

本当はほとんど失敗しているのに、見えるのは「成功しているところ」だけ、だからだ。

雑草はリスクの小さなチャレンジを繰り返している。何千も何万も繰り返している。だからこそ、成功にたどりついているのである。

「僕には失敗はないんです」と小島さんは言う。他人からは大失敗に見えるオンラインサロンでさえも、「向いていないことがわかっただけ」らしい。

こうして、苦手なところをつぶしながら、勝負すべき得意なところを探していくのである。

やってみなければ、何が苦手かは、わからない。何でもやってみる。そして、無理なところでは無理をせずに、すぐにやめてみる。

ただし大きなチャレンジは、うまくいかなかったときにダメージがでかい。雑草の小さなタネのように、どうせ失敗するくらいのダメ元で、小さなチャレンジを繰り返す方がいい。

何が得意で、何が苦手かがわからないのであれば、リスクの小さいチャレンジを繰り返すことが有効なのである。

「自分らしさ」という
「ものさし」であれば、
誰にも負けることはない

試行錯誤から「自分らしさ」を見つける

子ども向けライブが成功するまで

子ども向けライブは、はじめからうまくいったわけではありません。大人向けライブではよくあるネタの合間の暗転を入れたら子どもが泣き出してしまったり、一方的に見せるだけの参加型ではないネタで子どもの興味がなくなってしまったり、反省の連続でした。

子どもの反応は本当に予測不能で、ウケると思ったネタが全然ウケないこともあれば、逆に帽子が脱《ぬ》げるといったちょっとしたハプニングで笑いが起きることもあります。どんなネタや構成なら子どもを飽きさせずに楽しませられるのか、子どもたちの反応を見ながら作っていきました。

特に意識したのは、いじりを多用しないことです。

大人向けのライブでは、瞬間的な笑いが取れる「いじり」は効果的ですが、子どもに対しては裏目に出て収拾がつかなくなることがあるのです。それよりも、ウケている子どもに目を合わせて盛り上げていくと、自然に笑いが会場全体に広がっていきます。最初は知らない裸のおじさんの登場にいぶかしげな子どもも、笑っている周りの子どもに影響されて、一緒に笑い出します。子どもの場合はあえていじらない方がいいことも、やりながら学んでいきました。

子どもにウケそうでウケなかったのは、おならの替え歌です。「ドはドイツ人の屁《へ》、プッ。レはレディの屁、プー」と、おなら（音響）をしながらポールダンスを踊るネタがありました。おならも替え歌も子どもの好物だから、「最強のネタができた！」と喜んだのもつかの間、子どもたちが笑ったのは最初の「ド」だけで、「レ」くらいから飽きてしまったようでした。おならは使えばいいというものではなくて、「ここぞ！」というときに使うものだと学びました。

試行錯誤を続けて、ようやく最後まで盛り上がるイベントができたのは、２０

１７年頃です。ライブが終わり、子どもが「もう終わっちゃうの？」と寂《さみ》しがるのを聞いて、「ようやくここまできた」と感慨《かんがい》深かったですね。

ちょっと前からその兆《きざ》しが現れていて「小島よしおが子どもに人気」と情報番組で取り上げられたことで、僕の子ども向けの活動が世の中に認められるようになりました。２０１６年頃からは、ショッピングモールなどで僕が出演するイベントに来てくれる子どもの数が増え、子ども向けのお仕事を依頼される機会も増えていきました。

自分らしさで勝負する

「そんなの関係ねぇ！」「ダイジョブ、ダイジョブ」「何の意味もない」など、小島さんのギャグは直感的に発せられた言葉から生まれたものが少なくない。

小島さん自身は、あまり計算してギャグを作るタイプではなく、その場の思いつきでギャグを作るタイプであるという。しかし、それを仲間の前やライブでとりあえず試してみて、反応を見てみるらしい。つまり、トライアンドエラーを繰り返しているのだ。

雑草も同じである。

雑草は小さいチャンスを繰り返す。うまくいかないと思えば、すぐにやめる。

雑草は競争をしない。勝てそうもないところでは勝負せずに逃げる。

しかし、やめてばかり、逃げてばかりはいられない。

自分の居場所を確保するためには、どこかでは勝負しなければならないのだ。

ここが勝負の場所だ、と思うところでは、居場所を確保するために勝負することも大切である。

生物の世界はナンバー1でなければ生き残ることはできない。

ナンバー1になるためには、得意なところ、勝てそうなところで勝負することが必要だ。

それでも、ナンバー1になることは簡単ではない。

どうすれば、ナンバー1になることができるだろうか。

おそらく、それは「自分らしさ」で勝負する、ということである。

誰かと比べる「ものさし」は、誰かに与えられるのではなく、自分で作った方がいい。「自分らしさ」という「ものさし」であれば、誰にも負けることはない。

自分がナンバー1である。

「自分らしさ」という「ものさし」を見つけることができれば、それはナンバー1であることが約束されたことと同じなのだ。

しかし、私たち人間にとって、それは簡単なことではない。

自分のことを一番、わかっていないのは自分だったりするからだ。

だからこそ、「自分らしさ」を探し続ける、そして、「自分らしさ」という「ものさし」を求め続けることが大切なのだ。

よしおの人生アルバム②

「野菜の歌」のために作ったかぶり物コレクション。

第4章

自分を信じる

競争しない努力もある

誰もやっていないことを最初に始める

「誰もやらないことをやる」のが小島よしお流

一発屋、野菜芸人、子ども向けライブ……、とお笑い芸人の王道からはかけ離れた道を進んできましたが、それで引け目に感じたり、劣等感を抱いたりしたことはありません。

芸達者な先輩芸人がゴロゴロいるお笑いの世界で、少しでもライバルのいない場所を求めていったらこうなっただけです。なにより周りの人がやってないことをやるのが僕は好きなんです。

「そんなの関係ねぇ！」が生まれたときも、当時フレーズネタは『エンタの神様』の影響で飽和状態。敬遠する人が多かったですし、海パンでネタをやる人もいませんでした。「一発屋」に関しても、自分から「消える」「消えない」と言ったり、「一発屋」と自分から名乗ったりする人もいなかった。

誰もやってないからこそ、そこに飛び込んでみようと思いました。

僕自身、そこに戦略があったわけではないけれど、「誰もやってないことは、逆にチャンスなんだ」と教えてくれたのは、稲垣先生の『弱者の戦略』（新潮選書）という本でした。

強い草木は、高さや強さを競い合い、勝者となって生き残る。でも、弱い草はその場所をススっと抜け出して、公園の端っこやアスファルトの割れ目を見つけて、そこを居場所にする。そこには高い木は生えないし、太陽の光も届いて居心地がいい。

そんなふうに、「ライバルのいない場所を見つけて生き延びるのが雑草の生存戦略です」と稲垣先生が書いているのを読んで、ハっとしたんです。

僕は競争力が弱いから、強い人がいる場所には行きたくありません。強い人がいる場所に行くと、負けてしまうからです。

だけど、まだ誰もやったことのない場所へ一番乗りすれば、ライバルがいないから、弱い僕でも生き残れるチャンスがある。そうやって僕は自分で自分の居場所を作ってきたんだ、と腑に落ちました。

それに、誰もやったことがないことなら、うまくいかなくても、それが失敗かどうかわからないですよね。成功者がいなければ、比較のしようがないですから（笑）。

森の外の世界を知る

小島さんが、私の研究所を訪れてくれたとき、遠くに見える森を眺《なが》めながら、話をした。

「森の中の植物は、森の外の世界を知らないんでしょうね」

森は植物が成育する場所である。そのため、さまざまな植物が森の中に生えている。

そして、そこは激しい競争の場でもある。まさに群雄割拠する植物たちが、ひしめきあいながら、光を奪い合い、空間を奪い合いっている。

しかし、どうだろう。

森の外にも世界はある。

森の外には広々とした世界があり、そこにはさまざまな雑草たちが生えている。外から見れば、森の方が限られた空間だ。森はどんどん面積も減っている。

森が拓《ひら》かれて道路ができれば、そこは雑草たちの世界だ。

植物は森に生えなければならないわけではない。

森の外にも生えることができる場所はある。

他の植物が生えていないところも、たくさんある。

雑草は弱い植物である。強者《つわもの》ぞろいの森の植物にはとてもかなわない。

だからこそ、森に生えることはあきらめて、他の植物が生えないような場所に生えているのだ。

もちろん、雑草の中にも、競争に強いものがあったり、競争に弱いものがある。

雑草の中でも競争に弱いものは、他の雑草が生えていない場所に生える。

たとえば、建物がなくなって新しい空き地ができたり、新しい埋め立て地ができたりすると、いち早く生える雑草がある。他の雑草との競争さえ避けて新天地に生える雑草はパイオニアと呼ばれる。つまりは開拓者だ。

パイオニアは、他の植物が生えない場所に生える。

小島さんも、誰もやっていない場所を探し続けている。まさにパイオニアだ。

ライバルのいない場所で繁茂するパイオニアと呼ばれる雑草は、本当は弱い存在だ。しかし、伸び伸びと生えるその姿は強く見えるからおもしろいものだ。

雑草は「自らの弱さ」を知っている。だからこそ、強く見えるのだ。

雑草は競争を避けて森の外に生える。もちろん、ただ森の外に生えればよいというものではない。

森の外に森の植物が生えないのには、理由がある。畑や公園や道ばたに生えることは、けっしてたやすいことではない。

パイオニアと呼ばれる雑草は、他の雑草が生えない場所に生える。

しかし、新天地を見つけて、早くそこにタネを飛ばして定着することは、簡単にマネができることではない。パイオニアとして成功するのにも、それなりの工《く》夫《ふう》がいるのだ。

もちろん、森の中に生えるのもいいし、森の中が適した植物もたくさんある。

しかし、森の外でよりチャンスがつかめる植物もある。

他の植物が生えないような新天地でこそ成功できる植物もある。

ただ、がむしゃらに競争すればよいというものではない。競争しない努力もあるという選択肢を知っていることが大切なのである。

持っているものを
出し惜《お》しみしていると、
新しいものは入って来ない

発信することで良いインプットができる

子どもの野菜ぎらいがなくなる歌

子ども向けのネタを考える中で生まれたのが、「野菜の歌」シリーズです。

このアイデアが生まれたのも偶然でした。松田さんにネタを相談していたとき、「今なにが好きなの？」と聞かれて、当時は健康のためにごぼう茶にハマっていたので、そう答えると、「じゃぁ、ごぼうの歌を作れば？」と言われたのがきっかけです。

今でこそ「子どもの好き嫌いをなくしたい」などともっともらしいことを言っていますが、元はといえば、僕のごぼう好きが高じてできた歌なんです。その翌年にピーマン、翌々年にはニンジンで歌を作りました。

あるときテレビの企画で、「ピーマンの苦手な子どもにピーマンの歌を聞かせたら、食べられるようになるのか？」を実験してみたことがあります。テレビの台本としては、「そんなの無理でしょ」というオチだったのですが、実際には30人のうち29人が食べられるようになりました。僕も、「これを歌えば野菜が好きになるよ」と冗談で言っていたことが本当になって、びっくりしました。

別のテレビ番組でも同じような結果になって、「野菜の歌を歌えば子どもの野菜ぎらいが本当になくなるらしい」とわかったのです。

コロナ禍《か》の前は、ライブ用に年1野菜のペースで作曲していましたが、石川県《いしかわ》小松市《こまつ》の農業応援大使に任命されたことも大きなきっかけになり、一気に曲数が増えました。視聴者《しちょうしゃ》から「苦手な野菜が食べられるようになりました」などとファンレターやコメントが届くようになって、僕の創作意欲が刺激されたのです。反応があるのがうれしくて、作るペースが上がりました。

普段ネタやギャグを作るときは、先輩との会話から偶発的に生まれることが多いのですが、野菜の歌を作るときは真剣に考えて作っています。たとえば、「わさびは日本が原産だから演歌《えんか》っぽい歌にしよう」とか、「モロヘイヤはエジプトが原産だから、中東の雰囲気にしてみよう」とか。

たんに歌って、聴《き》いて、踊《おど》って楽しめるだけでなく、歌詞の中に野菜の歴史やウンチクも入れたりして、野菜に興味を持ってもらえるような工夫もしています。稲垣先生の本もめちゃくちゃ参考にさせてもらっています。

アウトプットが新たなインプットを生む

植物は土の中から、水を吸い上げる。
重力《じゅうりょく》に逆らって、水を下から上へと運ばなければならないのである。
ポンプのような吸引力《きゅういんりょく》もないのに、どのようにして、水を吸い上げているのだろうか？
じつは植物は、葉から水分を蒸発《じょうはつ》させている。
ストローで水を飲むと、その分だけストローに水が吸い上げられる。同じように葉から水分が蒸発してなくなると、その分だけ水が引き上げられる。

こうして水分が蒸発する力を利用して、植物は、根から水を吸い上げているのだ。

植物が新しい水を吸うためにしていることは、水を外に出すことである。

つまり、インプットをするために、アウトプットをしているのである。

見上げるような高い木も同じである。木の高いところにある葉から水を蒸発させることで、木の幹の中を水が引き上げられていく。

アウトプットする力が、見上げるような高さまで水を持ち上げる力となるのである。

植物にとって水は大切なものである。しかし、水を抱え込むだけではなく、水を手放すことによって、新しい水を手に入れることができるのである。

私たちも同じかもしれない。

持っているものを出し惜《お》しみしていると、新しいものは入って来ない。

持っている知識や情報をアウトプットすると、不思議なことに、アウトプットした分だけ新しいものがインプットされてくる。

葉から水が蒸発し、根から水が吸い上げられるように、情報や知識をアウトプットすることで、新しい情報や知識が入って来る。そして、情報や知識が体の中を通り抜けていくのだ。

常にアウトプットし続けることを意識すれば、その分だけ新しいものをインプットし続けることが求められる。また、アウトプットを意識することによって、質の良いインプットをすることもできる。

野菜にくわしくなってから、野菜の歌を作ろうと考えていたら、いつまで経っても、野菜の歌を作ることはできないだろう。とりあえず、野菜の歌を作って発信する、そうしてアウトプットを続ける、小島よしおさんは、どんどん野菜にくわしくなっていった。小島さんは野菜にくわしいから、野菜芸人となったのではない。まず「野菜芸人」になったから、野菜にくわしくなっていったのである。

地面の下で成長している雑草は、
とても手《て》強《ごわ》い雑草

続けなければ、チャンスはやってこない

野菜芸人の誕生

僕が野菜の歌を作っていると聞きつけた雑誌の編集者が、僕に声をかけてくれて２０１８年頃から始まったのが、ＪＡグループの子ども向け雑誌『ちゃぐりん』での連載です。最初は対談企画から始まりましたが、途中から、野菜についていろいろ考える僕の連載企画に変わりました。

２０２０年からは、産地を訪れて野菜の収穫体験《しゅうかくたいけん》をしたり、ＪＡ直売所の女性部のみなさんからレシピを学ぶ「小島よしおの産地へＧＯ！ＧＯ！」が始まりました。

ごぼうが好きだから、『ごぼうのうた』を作ったりして続けてきたことが、ま

さかの仕事として動き始めたのです。「野菜芸人」というカテゴリーはなかったので、自分が一番乗りで名乗れたらおもしろそうだと思いました。夢は大きく、「いつか農林水産省《のうりんすいさんしょう》と仕事するぞ」と冗談まじりに言ってましたね。その夢に向かって、『野菜音頭《おんど》』を作って単独ライブをやったり、仮面ライダーならぬ「ヤサイダー」を主人公にしたヒーローショーをやったりしました。

そうするうちに、2022年、石川県小松市から農業応援大使に任命されました。これはうれしかったですね。期待に応えるために、野菜の歌をますますたくさん作るようになりました。

野菜が僕の得意分野になったのは、僕自身の野菜への興味もありますが、活動を継続していったことが大きかったと思います。振り返れば、毎年野菜の歌を作り続けていく中で、曲数が増え、『ちゃぐりん』の編集者の目に留《と》まりました。そこで雑誌連載のチャンスを得たことが、野菜芸人へとつながる最初のきっかけになりました。

『ごぼうのうた』を最初に作った2011年から、雑誌連載が始まるまでおよそ

5年。何かを始めて、それが誰かの目に留まり、さらに広がっていくまでには、最低5年くらいの年月が必要なのかもしれません。

継続する力がアスファルトを破る

アスファルトを突き破《やぶ》って、雑草が生えているのを見かける。

ただし多くの場合、実際には、雑草がアスファルトを破っているわけではない。アスファルトを突き破っているように見える雑草の多くは、もともと割れていたアスファルトのすき間にタネが落ちて、成長したものである。

残念ながら、雑草の小さなタネには、アスファルトを突き破るような力はないのだ。

ただし、本当にアスファルトを突き破って伸びてくる雑草もある。

スギナやハマスゲなどの雑草は、アスファルトの下に、地下茎《ちかけい》を張りめぐらせている。そして、地下茎に蓄えた栄養分を使って、芽を伸ばしてくるのである。

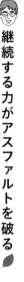

もちろん、スギナやハマスゲにとっても、アスファルトを破ることは簡単ではないだろう。しかし、地下茎から伸びた芽は、ゆっくりとゆっくりと力を加えていく。そして、ゆっくりとゆっくりとアスファルトを押し上げて、ついにはアスファルトを突き破ってしまうのである。

雑草はすばやい成長を得意としている。しかし、すばやい成長では、アスファルトを破ることはできないだろう。アスファルトを突き破るためには、ゆっくりとゆっくりと力を加え続けることが大切なのだ。

スギナやハマスゲがアスファルトを突き破ることができるのは、地面の下に地下茎を伸ばしているからである。

地下茎は、地上にいる私たちには見えない。

スギナやハマスゲは地上の部分だけ見れば、小さな雑草である。どこかか弱い雑草に見える。しかし、スギナやハマスゲは抜いても抜いても生えてくる。地面に張りめぐらせた地下茎から、芽を出してくるのである。草刈りをしたり、除草剤をまいて、除草したように見えても、地面の下から何度でも再生してくる。

雑草の強さは地面の下にある。地面の下で成長している雑草は、とても手強《てごわ》い雑草なのである。

雑草には見える成長と見えない成長がある。地面の上を伸びる成長と、地面の下に伸びる成長がある。しかし、見えない成長をしている雑草は、手強い。

アスファルトを突き破るのは、地面の下で伸びている雑草である。

見えない成長が、雑草の真の強さなのである。

自分が伸びていく方向が
間違いなく「前」なのである

できることがあるならやってみる

絵本がまったく売れない。さぁ、どうする？

僕の子ども向けライブに注目してくれた出版社から、「絵本を出しませんか？」と誘われて、２０１８年に初の絵本『ぱちょ〜ん』（ワニブックス）を出版しました。

朝の苦手な子どものために作った「朝が楽しくなる絵本」です。僕も企画段階から参加したので、とても思い入れがあります。

ところがこの絵本、最初はまったく売れませんでした。

そんなとき、ヒントをくれたのはまたしても経営者の本でした。サントリーの創業者である鳥《とり》井《い》信《しん》治《じ》郎《ろう》さんの人生を描いた伊《い》集《じゅう》院《いん》静《しずか》さんの小説『琥《こ》珀《はく》の夢』

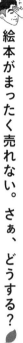

（集英社）を読んだのです。この本から、商品を消費者に届ける際の心構《こころがま》えを教わりました。

僕は以前にも本を出したことがあったのですが、「本を出すまでが自分の仕事」という感覚でした。つまり、本を出したら自分の仕事は終わりで、その先の本を売るのは「出版社の仕事」で、あとは「本のポテンシャル」だと思っていたのです。

でも、鳥井さんはそうではありませんでした。ワインを作ったら、それを「お客様に届けるまでが仕事」だと言います。「お客様に届けなきゃダメだ」という言葉にハッとしました。

僕は絵本を子どもたちに届けていなかった。ちゃんと子どもたちに届けよう。そこで始めたのが読み聞かせです。絵本の紙芝居を作り、公園で読み聞かせを始めました。偶然にもその公園に先輩芸人のお子さんとお母さんが遊びに来ていて、先輩が僕の読み聞かせのことをテレビやブログで発信してくれたのは幸運、そして感謝です。

ほかにも、全国のショッピングセンターでイベントをする合間に、施設内の書店に足を運んで「絵本を置いてくれませんか？」と頼んだり、朗読会を開いてもらったりしました。これも「お客様に届ける」を意識した活動です。

これらの活動が実を結んだのか、当初の売上目標を達成。それを評価してもらい、2冊目の絵本も出すことができました。

前へ前へ

小島よしおさんの、代表的なギャグの一つに「前へ、前へ、前へ」というものがある。このギャグには、スベっても恐れずに前へ出ようという気持ちが込められているらしい。

テレビ番組に出演する中で、小島さんは周りの出演者のすごさを感じたという。

もちろん、小島さんもテレビ番組で活躍する実力を兼《か》ね備《そな》えているのだろうが、その小島さんであっても、周りの人たちのスピードや質の高さについていけないと感じることがあったという。

しかし、劣等感を感じる中でも、「とにかく前に出る」「何もしゃべらないよりは、前に出てスベる」ということを強く意識したらしい。それでもなかなか前に出られないから、せめてギャグだけでも前に出ようと生まれたのが、「前へ、前へ、前へ」というフレーズらしい。

このギャグは、いかにも雑草の戦略を表わしている。

何しろ「上へ上へ」ではなく、「前へ前へ」なのである。

植物は上に伸びるものである。植物は光合成をするために光を受けなければならないから、隣の植物より少しでも上に伸びなければならないのだ。

しかし、雑草が生える環境では上に伸びることができないときもある。

たとえば、人通りの多いよく踏まれる場所では、上へ伸びても踏まれてしまう。頻繁に草刈りされるような場所では、伸びても伸びても刈られてしまう。そんな場所では上へ伸びても仕方がない。そのため、雑草は横に伸びる。

「上へ上へ」ではなく、「前へ前へ」である。

無理をして上に伸びるのではなく、無理をせずに、自分が伸びることのできる方向へ伸びればよいのだ。

小さな雑草が上に1メートル伸びるためには、たくさんのエネルギーがいる。茎を太くしなければならないし、細い茎のまま伸びようとすれば、折れてしまうかもしれない。しかし、横へ横へと伸びるのであれば、細い茎のままでも、どこまでも伸びることができる。大切なことは成長した高さではなく、成長した長さなのだ。

何も上へ伸びなければいけないという決まりはない。

たとえそこが地べたの上であっても、伸びることができる方向へ伸びていけばよいだけなのだ。

そして、それがどんな方向であったとしても、自分が伸びていく方向が間違いなく「前」なのである。

せっかく手に入れた「強み」は簡単に捨て去ってはいけない

自分の武器を最大限に生かす

「そんなの関係ねぇ！」をやり続ける理由

2007年に「そんなの関係ねぇ！」で世に出てから、今でもこのネタをやり続けています。

正直に言うと、気持ちがブレたこともあります。「そんなの関係ねぇ！」をやり始めて2、3年目にはこのネタに飽きて、別のネタを流行らせようとしていた時期もありました。

最終的に「そんなの関係ねぇ！」をやり続けてきたのは、タカトシさん（お笑いコンビの「タカアンドトシ」）が、「志村けんさんから『欧米か』をやり続けなさいと言われた」というエピソードを聞いたからです。それに、うちの事務所のレジェンド、ダンディ坂野さんが「ゲッツ！」をずっとやり続けているのも見てきました。

本の影響もあります。「自分の持っている武器を最大限に生かしなさい」と本に書かれているのを読み、「そんなの関係ねぇ！」をもっと大事にしようと思いました。

それ以降、「そんなの関係ねぇ！」をどう進化させていけるのかを、真剣に考えるようになりました。等身大の人形2体と自分をシンクロさせて動かす「コジマリオネット」も生まれました。

やがて、結果が伴《ともな》っていきます。「そんなの関係ねぇ！」と向き合っていくうちに、それまで2回戦で敗退していた『R-1』で準決勝に進み、2016年には決勝に進むことができたのです。

自分の芸人人生の原点にあるネタをやり続けることで、再び結果を出すことができて、「自分の武器を大事にする」ことの意味がわかった気がしました。

コア・コンピタンスを磨き続ける

自然界の生物は、「ナンバー1になれるオンリー1の場所」がなければ生存が許されない。ナンバー1になるためには、「強み」となるものが必要である。

これは、ビジネスの世界で「コア・コンピタンス」と呼ばれるものだろうか。

コア・コンピタンスは、ゲイリー・ハメルとC・K・プラハラードが提唱《ていしょう》した概念《がいねん》であり、ライバルに負けることのない企業の核となる能力を言う。

人間でいえば、自分の特技や能力ということになるだろうか。自分の得意は努力して得られるものもあるが、努力しなくても人よりもできてしまう得意なことは、コア・コンピタンスとなりうるものかもしれない。

ナンバー1になる「コア・コンピタンス」は簡単に得られるわけではない。

しかし、人がうらやむようなコア・コンピタンスも、本人にとっては当たり前のものに感じられるときもある。

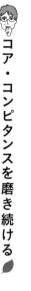

そんなときは、コア・コンピタンスが価値のないように思えたり、もっと別のものを求めてしまったりする。

もしかすると、小島さんにとっても「そんなの関係ねぇ！」がウケるのは、当たり前になってしまい、もっと別のものを求めたりしたくなることもあっただろう。「そんなの関係ねぇ！」しかないわけではない、と反発してしまうこともあったかもしれないし、もしかすると、自分自身が「そんなの関係ねぇ！」に飽きてしまうこともあったかもしれない。

しかし、小島さんは「そんなの関係ねぇ！」をやり続けた。それどころか、『そんなの関係ねぇ！』をしっかりやろう」と強く心に決めたらしい。

海パン姿の芸風は、最初のうちは、ＰＴＡなどから批判を受けたが、り続けた結果、今では国の省庁《しょうちょう》の仕事を務《つと》めるようになったり、教育系の仕事で活躍していたりするのだから、おもしろい。

やはり、ナンバー1であり続けるためには、「コア・コンピタンス」を磨き続けることが大切なのだろう。

もちろん、コア・コンピタンスを維持するだけでは、ナンバー1を維持することは難しいかも知れない。

しかし、ゼロから強みを見つけ出すことは簡単ではない。

たとえ、新たな「強み」を見つけなければいけないことになったとしても、もともと持っているコア・コンピタンスの中にそのヒントは隠されているはずである。

コア・コンピタンスをアレンジしたり、進化させたりすることによって、新たなナンバー1のポジションが得られるかも知れないし、環境や時代が変われば、またもともとのコア・コンピタンスが武器となるのかもしれない。

せっかく手に入れた「コア・コンピタンス」は簡単に捨て去ってはいけないのだ。

第5章

周りに対して開くことが大事

逆境をプラスに変える
雑草の基本戦略は「スピード」

周りからの誘いは、とりあえずやってみる

コロナ禍で「おっぱっぴー小学校」スタート

２０２０年3月にコロナが広がると、それまで年間１００本行なっていた子ども向けのイベントやお仕事もすべて中止になりました。

「何かやらなきゃ」と思って、子ども向けライブのＹｏｕＴｕｂｅ生配信を始めました。30分ほどのライブ配信を毎日です。3月にはもう始めていたので、結構早い方だったと思います。稽古場《けいこば》を即席《そくせき》スタジオにして、一人で奇声《きせい》をあげている（一生懸命ネタをやってる）状態が自分でもおもしろかったです。

すぐに、知り合いの作家の天野さんといちろうさんが声をかけてくれました。

「学校が休校になると子どもたちの学力が落ちてしまうから、なんとかしよう」

と。それで4月から「おっぱっぴー小学校」を開設して、算数の授業動画の配信を始めたんです。

作家さんが作った台本に、僕が小道具やギャグを足《た》して、編集は子ども向けライブのときからお世話になってるディレクターの須田夫妻にお願いしました。子どもに間違ったことを教えてはいけないので、塾（桜学舎）の亀山塾長に監修してもらっています。

大学では国語専攻だったのになぜ算数の授業にしたのか、とたまに聞かれます。それは、作家さんが「算数でやろう」と提案してくれたからです。ちょうどそのころ、渡辺和子《わたなべかずこ》さんの『置かれた場所で咲きなさい』（幻冬舎）という本を読んでいて、「自分に求められることに応えていこう」という気分だったのも影響しています。別の本で読んだ「誘われたら断らない」という話も印象に残っていました。

周りからの誘いを断らずに、とりあえずやってみると、世界が広がる感覚があります。断ってしまえばそれで終わりですが、いったん受け入れてやってみると、それまで使っていなかった筋肉や細胞が活性化するような気がするんです。周りに対して開くことがすごく重要だなと思いますね。

授業動画の配信を始めると、4月に配信した「時計のよみかた」の動画が好評で、「この動画のおかげで時計が読めるようになった」というお手紙やコメントをたくさんいただきました。テレビでも取り上げられて、「おっぱっぴー小学校」が一気に世に知られるようになりました。

逆境はチャンスである

植物にも逆境は訪れる。

ある植物は、それを耐《た》えることで乗り越える。

たとえば、サボテンは乾《かわ》いた土地で、ずっと雨が降るのを待ち続ける。耐えるために、必要なことは「ストック（蓄え）」である。サボテンは、太った茎や葉の中に水分をため込んでいる。こうして、乾いた環境に耐えているのである。

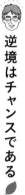

コロナ禍においても、それを乗り越えるために必要なものは、おそらく「蓄え」であった。企業も商店も蓄えを消費しながら、コロナ禍が過ぎ去り、平常な日々が戻るのを待ち続けたのである。

しかし、コロナ禍が長引けば、「蓄え」だけでは乗り越えることができない。そのため、新たなチャレンジをして、それを乗り越えた企業や商店も現われた。中には、コロナ禍を好機にして新たな事業を興《おこ》し、コロナ禍前よりも成功した例まである。

小島さんもその好例《こうれい》なのだろうか。もし、コロナ禍がなかったとしたら、小島さんはＹｏｕＴｕｂｅ生配信をするのは、もっと遅かったかもしれない。

雑草は逆境をプラスに転じさせる戦略を持っている。

たとえば、踏みつけられることは、植物にとっては間違いなく逆境である。しかし、オオバコやハコベなどの踏まれる場所に生える植物は、踏みつけられた靴の裏に種子をくっつける。こうして、靴につけてタネを遠くへ運ぼうとしているのである。

草むしりをされることも、植物にとっては、大ピンチである。

しかし、カタバミやタネツケバナは、草をむしられた勢いでタネをはじき飛ばす。そして、草むしりをした人間の服にタネをくっつけて、タネを運ばせるのである。さらにこれらの種子は土の中にタネをたくさん蓄えている。草むしりをすると、土の中のタネが刺激を受けて、一斉に芽を出してくる。こうして、草むしりをされたことを逆手に取って成功していくのである。

これらの雑草にとって、逆境は耐えることでも、克服《こくふく》することでもない。逆境によって成功し、繁栄しているのである。

逆境に耐えるサボテンの戦略が「ストック」であるのに対して、逆境をプラスに変える雑草の基本戦略は「スピード」である。とにかく逆境がいつ訪れるかわからないから、とにかくすばやく成長して、すばやく種子を作る。

逆境はチャンスである。しかし、ゆっくりしていれば、チャンスを逃してしまう。求められるのは「スピード」なのだ。

小島さんは、コロナ禍でいち早くＹｏｕＴｕｂｅ生配信を行なった。

もしかすると、それは雑草の小さなタネのような、たくさんの小さなチャレンジの一つだったのかもしれない。しかし、そのスピードがコロナ禍という逆境を、大きなチャンスに変えたのである。

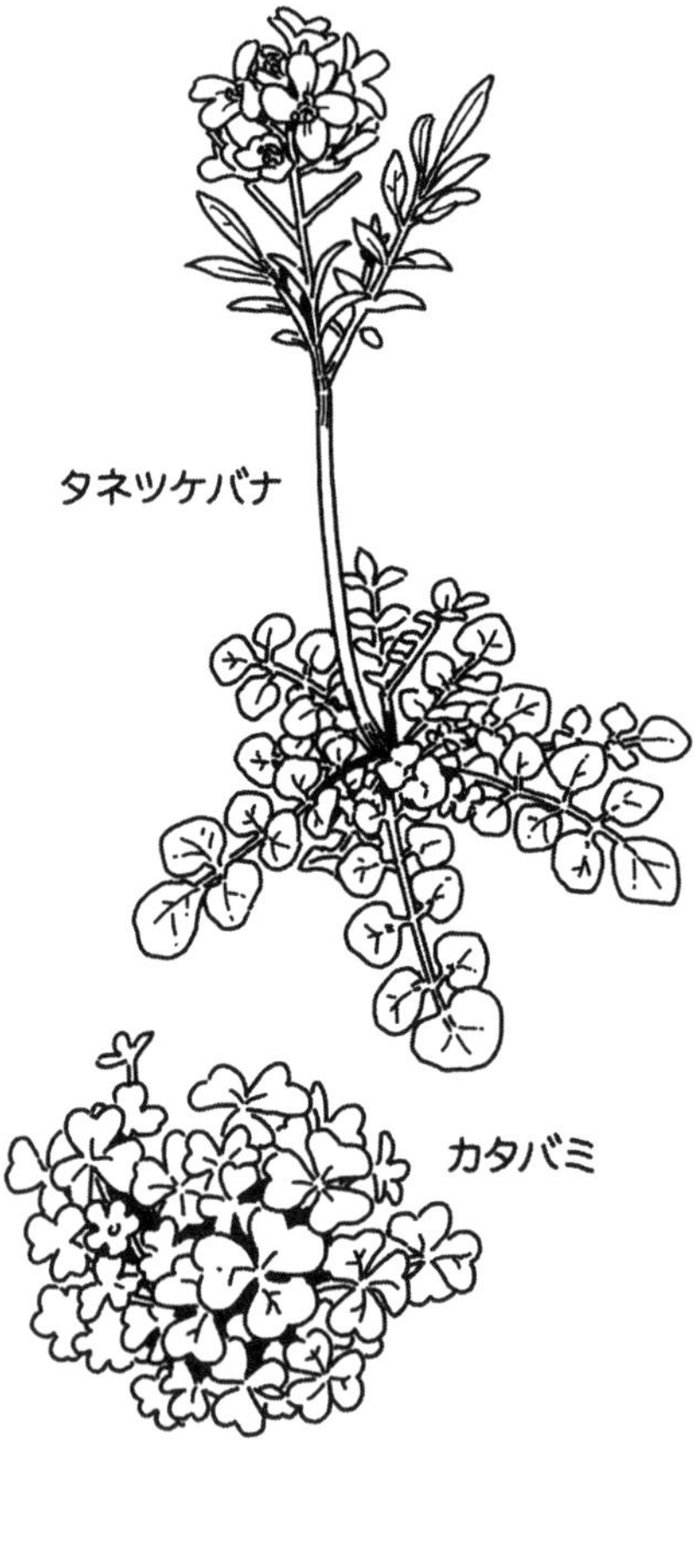

「新しいもの」と
「多様なもの」を生み出すためには、
掛け合わせることが効果的

異種のものを掛け合わせて、唯一無二になる

「お笑い」×「教育」で新境地を開拓する

「おっぱっぴー小学校」が話題になったのをきっかけに、これまでご縁《えん》のなかった教育関係の仕事が舞い込むようになりました。たとえば、子ども向け雑誌や教育関係のメディアから取材を受けたり、学び系のリモートのイベントにゲストで呼ばれたりしました。

農林水産省や環境省《かんきょうしょう》など国からのお仕事が増えたのも、この頃からです。日本人の主食《しゅしょく》であるお米がどうやって作られているのか知らない子どもたちのために、田んぼでの米作りの様子を伝える動画に出演したりしました。

これまでの子ども向けの活動はエンターテインメント要素の強いものだったので、子どもたちの学びをサポートする活動は僕にとっても新たなチャレンジでした。僕自身、学ぶことが好きなので、子どもに教えるためにまずは自分自身が学び、それを子どもたちに教えるのが楽しいんです。

教育系の仕事で僕が大事にしているのは、「わかりやすく伝える」ことです。「おっぱっぴー小学校」をやってみて気づいたんですが、「わかりやすさ」のためには「笑い」の要素が必要だということです。そもそも、人は理解できないことに対して笑えません。笑いが起きるときは、内容がちゃんと理解できて、さらに「おもしろい」と感じられるときです。「笑い」を効果的に組み込むことで、子どもの理解も進むし、飽きずに聞いてもらえるので一石二鳥です。

海パン一丁《いっちょう》でやる僕のギャグは、「子どもの教育に悪い」という理由で、一時期はPTAから禁止にされたこともあります。なので、教育とは相性が悪いと思っていました。今もやっているギャグは同じなのに、「おっぱっぴー小学校」の授業動画が子どもだけでなく親御《おやご》さんにも喜ばれているのは不思議な感覚です。

「お笑い」と「教育」の組み合わせはコロナ禍で偶然生まれました。でもこの二つがじつは相性が良くて、組み合わせることで唯一無二《ゆいいつむに》のコンテンツが生まれることは、やってみてわかったことの一つです。

かけ算が新しいものを生み出す

植物は風で飛ばしたり、昆虫に運ばせたりして、花粉を他の花に運ぶ。こうして、花粉を交換して受粉するのである。

ところが、雑草は自分の花粉を自分の雌しべにつけて受粉する「自殖」という特殊な能力を持っている。自殖は風がなくても、昆虫がいなくても、確実に種子を残すことができる。過酷な環境のもとで生える雑草が種子を残すためには、極めて有効な能力だ。

また、雑草の中にはイモや球根を作ったり、地下茎を伸ばしたりして、自らの分身であるクローンを作って増えるものもある。

このようにさまざまな方法を自在に操《あやつ》って、子孫を残すことができるのが、雑草の強みである。

しかし、自分の花粉で子孫を残せたり、クローンで増えることができるにもかかわらず、他の花と花粉を交換するという手間の掛かる方法も並行して行なう雑草が多い。

どうしてだろう。

自分の花粉を自分につけても、似たようなものしか生まれない。

クローンに到《いた》っては、元の株とまったく同じものが増えるだけだ。

自然界を生き抜くためには、まったく新しいものが必要になる。これまでにない新しい特徴を持つ子孫を生み出すためには、他の花と花粉を交換し、掛け合わせることが必要となる。

ある株とある株が掛け合わされることによって、元の株とはまったく違う新しい株が誕生する。そして、掛け合わせることによって、多様な株が誕生する。

「新しいもの」と「多様なもの」を生み出すためには、掛け合わせることが効果的である。

植物にとって、他の花と交配《こうはい》することは、種子を作れないリスクもあるし、花粉をたくさん作らなければならないコストも掛かる。

雑草は自殖で自己完結することができるのに、それでも他の花との交配を試みる。それだけ、かけ算することを大切にしているのである。

もちろん、動物も同じである。動物にはオスとメスがいる。これも、掛け合わせることによって、新しくて多様なものを生み出すためのしくみだ。

こうしてかけ算によって新しいものを生み出し続けることによって、生物は進化を遂げてきたのだ。

もし、
うまくいっていないとしたら、
とりあえず、
環境のせいにしてしまおう

自分の弱点を環境や他者の力で補う

自分の心の弱さとの向き合い方

これまで紹介してきたエピソードでは、衝動的で多動的な僕の一面が強調されていたかもしれませんが、その一方で、僕にはぐうたら気質なところもあります。たとえば、公園で絵本の読み聞かせをしようと決めたときも、本当は知らない公園に一人で行くのは気が引けて、「行きたくないな」と思うことがありました。お笑いのネタを作るときも、自分一人では億劫《おっくう》に感じて動かなかったりします。

ぐうたら気質を補《おぎな》ってくれるのが、僕の場合はチームワークです。自分がぐうたら気質だとわかっているからこそ、あえてチームで動くようにしています。

僕には、いつもネタを一緒に作ってくれる作家、ようへいとしゅうたがいます。ネタ作りの際は、まず彼らとスケジュールを合わせます。日程が決まったら行かないわけにはいきません。

絵本の読み聞かせのときも、後輩に「一緒に来てほしい」と付き合ってもらいました。野菜の歌はWAGEの元メンバーの手賀沼ジュンと、野菜のかぶり物は後輩のハイジ（「新鮮なたまご」）に作ってもらっています。

もちろん、お互いの得意と苦手を補完し合えるのがチームの利点です。でも、僕の場合はそれだけでなく、ぐうたらな自分が動き出すためのやる気スイッチになってくれているのがチームの存在です。

ついでに言うと、僕にはお調子者の一面もあります。WAGEで活動していた頃は、仕事のときも学生気分が抜けずに、「学生のノリはやめなさい！」と事務所のマネジャーによく怒られていました。

「そんなの関係ねぇ！」がブレイクしてテレビに出始めたとき、「自分はお調子者だから、天狗《てんぐ》にならないよう気をつけなきゃいけない」という自覚はありました。後輩と一緒にいると天狗になりそうだったので、意識的に先輩と一緒にいて、「自分はまだまだ」と肝《きも》に銘《めい》じていました。

周りの環境に影響されやすいのが、僕の心の弱さです。弱さを克服するのは簡単ではありません。だからこそ、逃げない自分になって自分を奮《ふる》い立たせるには、周りや環境の力を利用するのが得策だと僕は思っています。

成長する力は誰にでもある

植物を育てるときに、必要なものは何だろうか？

それは、光と水と土の栄養である。

光と水と土があれば、植物は育つ。

私たちは植物を育てていると思うかもしれないが、そうではない。植物を育てているのは、光と水と土である。私たちにできることは、光と水と土を与えることだけなのだ。

植物は自らが育つ力を持っている。

しかし、光がなければ十分に育つことができない。水がなくては育つことができない。栄養が足りなくても育つことができない。

条件さえそろえば、成長する力はあるのに、環境が整わなければその力を発揮することができないのだ。

おそらくは、私たちも同じである。

私たちもまた、自ら成長する力を持っている。おそらくは環境さえ整えば、勝手に成長する存在なのだ。

もし、うまくいっていないとしたら、とりあえず、環境のせいにしてしまおう。とにかく環境が悪いのだ。環境さえ整っていれば、もっと成長できるはずなのだ。

しかし、私たちは、鉢《はち》植えの植物ではない。

鉢植えの植物は動くことはできないが、私たち人間は動くことができる。行動することができる。光がなければ、光のあるところに行けばいいし、水がなければ水を探せばいい。それだけのことなのだ。

私たちは成長する力を持っている。

そして、環境を作る力も持っている。

そうだとすれば、環境さえ整えてやればいい。

自らが成長する環境さえ作ることができれば、私たちは自然と成長していくことができるはずなのである。

大切なことは
誰かより
優れていることではなく、
誰かとは違うこと

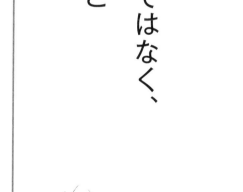

他人のマネをしても勝てない

「ピーヤ」「PEER」「比止」のギャグ三段活用

子どもに呼びかけるときの、「ピーヤ」という言葉。「ピーヤ」を英語にした「PEER」には、「同僚・仲間」という意味があり、「○○ピーヤ」のように敬《けい》称《しょう》代わりに使っています。

最初に「ピーヤ」が生まれたとき、そんな意味があることはまったく知りませんでした。『ぐるぐるナインティナイン』の企画コーナー「おもしろ荘」で新ネタを披露することになったときに、音の響きのおもしろさから偶発的に生まれたのが、「ピーヤ」でした。

ピーヤに「同僚・仲間」という意味があると知ったのも偶然です。およそ3年前、誰かがツイッターでつぶやいているのを発見して、「これは使える！」と思って拝借しました。

　じつは、大体のネタは音が先に生まれています。

　たとえば「ハイ、ずいずいずいずい」は、まったくの語感先行です。ただ「骨の髄《ずい》」とか「真髄《しんずい》」とか言いますよね。だから、「ずいずいずい〜い」の意味を聞かれたら、「真髄の髄」と答えたり、「随《ずい》」だったら「成り行きに任せる」という意味もあるので、こっちの「随」で答えるときもあります（笑）。

　ピーヤに話を戻すと、2021年、ピーヤの進化形として、漢字表記の「比止」が生まれました。

　事の発端は、『アイアム冒険少年』というテレビ番組の正月放送で挑戦した書《か》き初《ぞ》めです。僕にとって、書き初めといえば「漢字」。一年の抱負を考えていたときに、「比べるのを止《や》める」という意味で「比止（ピーヤ）」が降りてきたというわけです。

「ピーヤ」から「PEER」、「比止」へ最初から意図していたわけではないけれど、その時々の状況に対応していたら、いい感じにギャグが進化していきました。

比べることを止めよう

小島さんのギャグの「ピーヤ」は漢字では「比止」と書く。

もっともこれは、テレビ番組で即興で生まれた後《あと》付《づ》けの当て字らしい。

しかし、「比止」は、じつに深い言葉だ。私の座右《ざゆう》の銘にしてもよいくらいである。

「比止」は「比べることを止めよう」と読むことができる。

自然界を見れば、ナンバー1になることが大切である。そして、ナンバー1になることのできるオンリー1を見つけることが大切である。

そうだとすれば、他の人のマネをして勝てるはずはない。誰かのマネをしている限り、その人に勝つことができないからだ。

他の人を目標にしていても、やはり勝つことはできない。

誰かのマネをしたり、誰かにあこがれて目標にしたとしても、最後は「自分らしさ」を見つけるしかないのだ。

芸能界は激しい競争社会である。誰もが自分の居場所を求めて、努力を積み重ねている。しかし、「自分に無理をすると長続きしない」と小島さんは言う。

オンリー1であることが大切だとすれば、誰かと比べて優劣を競っても意味はない。大切なことは誰かより優れていることではなく、誰かとは違うことなのだ。

こうしてオンリー1が集まって、多様な生物たちによって生態系が作られている。

しかし、人間の脳は複雑《ふくざつ》なことを複雑なままに理解することが苦手である。

その代わり、複雑な自然界の現象をシンプルにして理解するのが人間の脳の特徴である。そのために、人間の脳は比べたり、並べたりしようとする。そうして整理することで、理解しようとするのである。

人間の脳は、比較して優劣をつけたり、順位をつけて並べることが大好きである。

それは仕方のないことなのだ。

しかし、オンリー1が大切なのだとすれば、優劣をつけたり、順位をつけることには意味がない。ただ、人間の脳が心地よいから、やっているだけの作業だ。

複雑なものは理解できない、それが人間の脳の限界だ。だから比べることは仕方がない。

大切なことは、それは人間の脳が好んでいるだけのことで、本質ではないということだ。

大切なことを見失わないことが、
本当の雑草魂

本当に大切なものは何か

そして、これからのこと

子ども向けライブや教育系の動画配信などの活動が世の中に認知され、最近はそれらの分野での仕事がかなり増えています。雑誌で子どもに対するお悩み相談の連載も始まり、子ども向けや教育系の切り口でいい流れが来ているのを感じています。

その一方で、これからはピン芸人としてのお笑いのネタも頑張っていきたいな、という気持ちも湧いてきています。

先日、「30秒で10人を笑わせられるか」を競う企画番組に出演しました。そこで久しぶりに〝お笑いの筋肉〟を使いました。体の筋肉と同じで、お笑いの筋肉も使わないとしぼんでいきます。

最近、子ども向けや教育系、野菜芸人としての筋肉は随分《ずいぶん》ときたえられましたが、「純粋なお笑い芸人としての筋肉は衰えてないか？」と自分でも危機感を抱いていていました。お笑いの筋肉をきたえ直すためにも、もう一度、初心に戻って、お笑いのネタ作りに真剣に取り組んでいこうと思っています。

浅草を拠点とする「漫才協会《まんざいきょうかい》」に所属したのもその一環です。「ナイツ」の塙《はなわ》（宣之《のぶゆき》）さんに誘ってもらったことに加え、漫才協会に加われば、浅草の寄席でネタを演じることができます。営業以外でネタを披露する場所がなかったので、ネタに取り組めるいい機会だと思って所属を決めました。

お笑い以外のところでは、今、お金や投資について勉強していて、50歳過ぎくらいまでに経済的に自立して週3日休みくらいのＦＩＲＥ《ファイヤー》を目指しています。

これまでの人生でも僕は好きなことをやってきましたが、ＦＩＲＥを実現すれば、生活のための仕事じゃなくて、ほんとにやりたい仕事ができるようになると思うんです。それはボランティアかもしれないし、誰かのためにやりたい仕事かもしれない。経済的な自立と自由な時間を手に入れて、本当に好きなことだけやって過ごしたいですね。それが人生における大きな目標です。

でもまだ家のローンがバカみたいに残っていますが……。

大切なことを求め続ける

雑草は「踏まれても踏まれても立ち上がる」というイメージがある。

しかし、実際は違う。雑草は「踏まれたら立ち上がらない」のだ。

そもそも、どうして立ち上がらなければならないのだろう。

雑草にとって、もっとも大切なことは花を咲かせて、種子を残すことである。

そうだとすれば、踏まれても踏まれても立ち上がるというのは、かなり無駄にエネルギーを使っていることになる。種子を残すことが大切なのであれば、踏まれながら花を咲かせて種子を残すことにエネルギーを使った方がいい。

だから、雑草は踏まれたら立ち上がらないのだ。

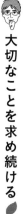

人間は、踏まれたら立ち上がらなければいけないと思い込んでいる。そして、がむしゃらに立ち上がってみたりする。

しかし、本当に立ち上がることが大切なのだろうか。

雑草は無駄に立ち上がるようなことはしない。大切なことを見失わないことが、本当の雑草魂なのだ。

雑草にとって大切なことは種子を残すことである。

それでは、私たちにとって大切なことは何だろう？　それは、雑草のように単純ではない。

本当に大切なことは何かは、私たち人間にとっては簡単に答えられるものではないかもしれない。

だからこそ、私たちは「大切なものは何か」を探し続けなければならない。

そして、本当に大切なもののために、力を注ぐのだ。

おわりに

２０１７年12月のブログに、「37歳の決意」というテーマで自分と雑草とを照らし合わせて、声高らかにその決意を記していました。

雑草は実は弱い植物で、ライバルのいない環境を探すことによって、生き延びているという生き方が、子ども向けライブや野菜の歌を歌う自分自身と重なったからです。

そのことを教えてくれたのが、稲垣先生の本でした。そんな僕の背中を押してくれた稲垣先生と本を一緒に出すことができるなんてこんなに嬉しいことはないです。

ただ正直なところ、雑草と僕に本１冊分も相関性があるのか、不安な部分がありました。しかし、それは全くの杞憂《きゆう》に終わりました。

稲垣先生にかかると、あの活動もこの行動も雑草の習性や戦略に当てはまってしまう。どこにボールを投げてもキャッチしてくれる、そんな感覚をこの本を作っていく中で覚えました。

と同時に「あれ、これって自分だけじゃなくて、みんなに当てはまるんじゃないかな？」とも思うようになってきました。

つまり雑草の生き方というのは、きっと我々人類のお手本とすべき生き方になるのではないか。

居場所をそれぞれ探して、楽しく暮らせるんじゃないか。

例えば、今「みどりの窓口」にできている長蛇《ちょうだ》の列の前方でお客さん同士が小競り合いをしている。

これも同じみどりの窓口に並んでいるから起きてしまった争いで、これが機械に強い人は自動券売機で、ネットに強い人はアプリで、それぞれが買えれば起きていなかったかもしれない。

長蛇の列になっていない可能性もある。

そんな風に結構本気で思います。

今でも勘違いされがちな雑草のイメージ。

「名前なんてあるの？」と言われがちな雑草の現在地。

多様性がテーマのこれからの世の中に、ジャストフィットするであろう雑草イズムが、この本を通して一人でも多くの皆さんに届くことを切《せつ》に願います。

いや僕自身がもっともっと発信力を高めて、わかりやすく、おもしろく、誰ともかぶらない方法で雑草の素晴らしさを伝えていきたいと思います。

なにせ僕は「雑草芸人」なんですから。

小島よしお

〈著者略歴〉

稲垣栄洋（いながき ひでひろ）

農学博士、植物学者。1968年、静岡県生まれ。静岡大学大学院教授。岡山大学大学院農学研究科修了後、農林水産省、静岡県農林技術研究所等を経て現職。主な著書に、『弱者の戦略』（新潮選書）、『生き物の死にざま』(草思社）などがある。

小島よしお（こじま よしお）

芸人。1980年、沖縄県生まれ。早稲田大学在学中にコントグループ「WAGE」でデビュー。2006年より、ピン芸人として活動。2007年に「そんなの関係ねぇ!」で大ブレーク。年間100本以上の子ども向け単独ライブを行い、“日本一子どもに人気のお笑い芸人”として活躍している。主な著書に、『おっぱっぴー小学校算数ドリル』（KADOKAWA）、『小島よしおのボクといっしょに考えよう』（朝日新聞出版）などがある。

装幀　片岡忠彦
イラスト　はしゃ
編集協力　前田はるみ

雑草はすごいっ！

2023年12月4日　第1版第1刷発行

著　者　稲垣栄洋
　　　　小島よしお
発行者　永田貴之
発行所　株式会社PHP研究所
東京本部　〒135-8137　江東区豊洲5-6-52
ビジネス・教養出版部　☎03-3520-9615（編集）
普及部　☎03-3520-9630（販売）
京都本部　〒601-8411　京都市南区西九条北ノ内町11
PHP INTERFACE　https://www.php.co.jp/

組　版　有限会社エヴリ・シンク
印刷所　株式会社精興社
製本所　株式会社大進堂

ISBN978-4-569-85599-8

PHP文庫

面白くて眠れなくなる植物学

稲垣栄洋 著

累計70万部突破の人気シリーズの植物学版。木はどこまで大きくなる？　植物はなぜ緑色？　想像以上に不思議で謎に満ちた植物の生態に迫る。